ulmer

Marc-Wilhelm Kohfink

IMKER

VOM HOBBY ZUM BERUF

68 Farbfotos
4 Zeichnungen

imgut

Warum gerade Berufsimker?

Imkern bereitet Freude. Daher ist es nicht verwunderlich, dass immer mehr Menschen Spaß an den fleißigen Insekten und Geschmack am selbst produzierten Honig finden.

Die Zahl der Bienenhalter ist in Deutschland von 82 000 im Jahr 2005 auf 115 000 im Jahr 2015 angestiegen. Unter Imkern geht die Rede, es grassiere ein „Imkervirus", das immer mehr Menschen anstecke.

Nicht wenige der Betroffenen denken darüber nach, ihren Völkerbestand deutlich aufzustocken. Sie können sich vorstellen, einen Teil ihres Einkommens oder sogar ihren ganzen Lebensunterhalt durch eine Neben- oder Haupterwerbsimkerei zu bestreiten. Sie sagen sich: „Wenn mir die Haltung von drei Bienenvölkern so viel Spaß macht, dann werden mir 300 Bienenvölker sicher hundertmal so viel Freude bereiten."

Indes – wer nicht ganz blauäugig ist, ahnt zumindest, dass die schönen Bilder vom Imker im blühenden Rapsfeld und umgeben von seinen Beuten nur einen kleinen Teil der imkerlichen Realität abbilden. Jeder, der schon einmal eine Berufsimkerei besucht hat, weiß aus eigener Anschauung, dass eine Hobbyimkerei etwas völlig anderes als eine Erwerbsimkerei ist. Wer also seine kleine Imkerei so erweitern will, dass er in einigen Jahren seinen bisherigen Brotberuf ganz oder teilweise aufgeben kann, muss sie gründlich umbauen:

- Er muss sich als Erwerbsimker persönlich eignen und sein privates Umfeld muss mitziehen.
- Er braucht ein schlüssiges Geschäftsmodell.
- Die nötigen Arbeiten müssen auch in der Hochsaison zu schaffen sein.

Imkern bereitet Freude. Der Schritt in die Berufsimkerei will jedoch gut überlegt sein.

Wenn Sie Ihr Hobby zum Beruf machen, werden aus wenigen Beuten schnell sehr viele.

- Die Imkerei muss funktional eingerichtet sein.
- Die Betriebsweise muss zu den Gegebenheiten passen.
- Betriebswirtschaftliche Kenntnisse sind notwendig, damit der Imkereibetrieb dauerhaft und mit Erfolg am Markt bestehen kann.

Darum geht es in diesem Buch. Sie erfahren, wie Sie Ihre Hobby-Imkerei in eine Erwerbsimkerei überführen. Aber warum tut sich das überhaupt jemand an? Was treibt Menschen dazu, den bequemen Stuhl in einem beheizten Büro, Labor oder in einer Werkstatt zu verlassen, um sich mitunter dick vermummt in brütender Hitze mit stechenden Tieren herumzuschlagen? Wer möchte auf der Rückbank eines LKWs statt im bequemen Hotelzimmer übernachten? Wer möchte keine monatliche Überweisung vom Arbeitgeber bekommen, sondern nicht wissen, wie viel am Ende des Jahres auf dem Konto ist? Es sind vor allem die folgenden Gründe, die Berufswechsler für ihre neue imkerliche Tätigkeit schwärmen lassen:

- Sie wollen aus dem Hamsterrad Ihres bisherigen Berufs ausbrechen.
- Sie wünschen sich eine Tätigkeit, auf deren Produkte sie stolz sein können und die ihnen Freude macht. Sie wissen: „Wenn die Arbeit ein Vergnügen ist, wird das Leben zur Freude."
- Sie wollen eine eigene Firma führen.
- Sie sehen ihre Imkerei als Altersvorsorge.
- Sie können aus verschiedenen Gründen nicht mehr in ihrem bisherigen Beruf arbeiten.

Es sind besonders Menschen in der Lebensmitte, also im Alter zwischen 30 und Mitte 50, die sich für die Imkerei entscheiden. Sie fragen sich in dieser Phase ihres Lebens: „War es das? Was kommt noch? Womit will ich den Rest meines Lebens ausfüllen?"

Markus Schwarz (45), Informatik-Ingenieur

„Ich war bis vor Kurzem im Vertrieb eines internationalen Konzerns tätig, der Informationssysteme herstellt. Irgendwann fragte ich mich, ob es nichts anderes gibt, als immer eine Karrierestufe nach der anderen zu erklimmen. Ich arbeitete mindestens 60 Stunden in der Woche. Mir war klar, dass ich irgendwann mit einem Herzinfarkt oder einem Burnout enden würde. Dann habe ich angefangen, meine Hobbyimkerei zum Nebenerwerb auszubauen. Als die Gelegenheit kam, bin ich ausgeschieden, habe meine Abfindung und mein Erspartes genutzt, um in Wüstenrot bei Schwäbisch Hall ein Wohnhaus mit Nebengebäuden zu kaufen sowie eine Halle für meine Imkerei zu bauen.“

Antje Gardyan (Autorin von „Worauf wartest Du noch?“) rät: „In der Lebensmitte liegt noch viel Lebenszeit vor uns. Es lohnt sich deshalb, sich über sein restliches Leben Gedanken zu machen.“ Ihrer Erfahrung nach werden Menschen in dieser Lebensphase oft unruhig. Zwar laufe eigentlich alles ganz gut, doch sie hätten das Gefühl, dass ihnen etwas fehle. Sie wollen etwas Neues unternehmen. Zudem verändern sich oft auch die Rahmenbedingungen:

- Die Kinder werden erwachsen und brauchen nicht mehr so viel Fürsorge.
- Der Beruf ist entweder langweilig geworden oder droht wegzufallen.

Viele Menschen suchen sich in dieser Phase einen neuen Job oder eine neue Aufgabe im Unternehmen. Selbstständige versuchen, auf einem neuen Geschäftsfeld Erfolg zu haben. Alle wollen aus ihrem bisherigen Berufsleben herauskommen. Sie spüren auch, dass sie nicht mehr ewig Zeit dafür haben. Letztlich sind es dann nur wenige, die sich neben dem Beruf mit ihrer Leidenschaft selbstständig machen oder ihr bisheriges Berufsleben ganz an den Nagel hängen.

Fallstudien des Kölner Instituts zur Zukunft der Arbeit (IZA) zeigen, dass sich besonders sehr gut ausgebildete, beruflich fest im Sattel sitzende Akademiker leichter für einen Wechsel entscheiden als Menschen mit normalen Jobs. Neben einem großen Vertrauen in die eigenen Fähigkeiten hätten Akademiker ein „tendenziell breiteres Wissen und übertragbare Kenntnisse“, weiß IZA-Geschäftsführer Werner Eichhorst.

Peter Stieber (60), Betriebswirt

„Ich war als Leiter des Rechnungswesens für einen Hersteller von Verpackungen für die Lebensmittelindustrie tätig. Wir produzierten z. B. Pappröhren für Kartoffelchips. Als das Unternehmen aufgekauft wurde, war das der richtige Zeitpunkt, um mich mit meinem Hobby selbstständig zu machen. Die Imkerei will ich so lange betreiben, wie es geht. Ich denke dabei über das 70. Lebensjahr hinaus. In der Imkerei steckt mein Vermögen. Ich habe mir ausgerechnet, dass die Verzinsung gut und der Wertverlust bei der Technik gering ist. Außerdem ist es eine sinnvolle Tätigkeit.“

Ich bin diesen Weg von der in einer Firma angestellten Führungskraft zum Erwerbsimker auch selbst gegangen und weiß also, wovon ich schreibe. Außerdem habe ich zahlreiche Imkerkolleginnen und -kollegen auf diesem Weg begleitet. Einige von ihnen und ihre Geschichten werden Sie in diesem Buch kennenlernen.

Eignen Sie sich zum Imker?

Der Erfolg Ihrer Imkerei hängt vor allem von Ihrer Persönlichkeit ab. Da ist zunächst der Umgang mit den Tieren. Bienen sind nichts für nervöse Menschen. Doch wer seine Imkerei zur Erwerbsquelle ausbauen will, der muss über mehr Qualitäten verfügen als ein ausgeglichenes Temperament.

In diesem Kapitel geht es darum, sich zu prüfen, ob Sie die für den Beruf des Imkers notwendigen persönlichen und beruflichen Fähigkeiten mitbringen. Sie brauchen nämlich nicht nur die fachliche Kompetenz, sondern auch umfangreiches kaufmännisches Können. Sie müssen organisatorisch, unternehmerisch und verkäuferisch versiert sein.

Viele Eigenschaften eines erfolgreichen Imkers bringen Sie schon jetzt durch Ihr Hobby und Ihren bisherigen Brotberuf mit. Machen Sie sich diese bewusst, dann können Sie sie für Ihr Vorhaben nutzen. Der Berufswechsel in Richtung Imkerei ist jedoch immer der Beginn einer ganz neuen Karriere.

Überprüfen Sie sich selbst, ob Sie sich zum Berufsimker eignen.

Peter Stieber (60), Betriebswirt

„Als Leiter des Rechnungswesens für einen Hersteller von Lebensmittelverpackungen war ich ein Spezialist im Unternehmen. In meiner Imkerei muss ich nun alles können. Aber ich weiß, was zur Führung eines Unternehmens gehört, weil sich ja alles in Zahlen widerspiegelt. Ich war z. B. früher nicht mit dem Vertrieb vertraut, aber ich kannte die Zahlen und sah an ihnen, was alles dazugehört."

Im Folgenden finden Sie einen umfangreichen Fragenkatalog, mit dem Sie sich auf Ihre persönliche Eignung überprüfen können. Begründen Sie Ihre Antworten und unterfüttern Sie sie mit Fakten. Wenn Sie sich z. B. mit Ihren unternehmerischen Fähigkeiten beschäftigen, reicht eine Antwort wie „erfolgreicher Sachbearbeiter im Verkaufsinnendienst" nicht aus, denn das ist Ihre persönliche Einschätzung. Besser ist ein konkretes Beispiel. Stellen Sie sich die folgenden Fragen!

WIE IST MEINE FAMILIÄRE SITUATION?

Die meisten Quereinsteiger in die Imkerei sind zwischen 40 und 50 Jahre alt. Ihre familiäre Situation stabilisiert sich durch den Wunsch nach einem Berufswechsel in der Regel nicht. Es gibt keine Zahlen wie bei anderen Berufsgruppen, aber es gehört zur Erfahrung, dass der Berufswechsel zum Imker oft auch mit einem Wechsel in der Partnerschaft verbunden ist.

Folgt man der zugegeben unromantischen „ökonomischen Theorie der Ehe", für die Gary Becker den Nobelpreis für Wirtschaftswissenschaften erhielt, dann geht es in einer Paarbeziehung im Grundsatz darum: Die Beteiligten glauben, ihren Nutzen mit einer Ehe vergrößern zu können. Sie opfern Zeit und auch Geld, um ihre jeweilige Lebensqualität zu verbessern. Hinzu kommt das Aufziehen von Kindern, das in Beckers Modell vor allem eine Investition in die Zukunft und mit erheblichen Kosten verbunden ist.

Wenn nun ein früherer Gutverdiener sich entscheidet, den stressigen Angestelltenjob gegen die Beschäftigung mit den Bienen einzutauschen, dann verändert das die Beziehung in zweierlei Hinsicht:

- Von der vermeintlichen Verbesserung der Lebensqualität profitiert ausschließlich der Imker.
- Die finanziellen Beiträge des Imkers sind nicht mehr so sicher und kalkulierbar wie die eines Angestellten.

Die Ehefrau oder der Ehemann spüren: Mein Partner hat weniger Zeit für mich und liefert einen geringeren Beitrag zur Finanzierung des gemeinsamen Lebens. Das bedeutet oft, dass die Betreffenden mehr in das gemeinsame Eheprojekt investieren und dafür möglicherweise mehr arbeiten müssen. Kurz: Der Berufswechsel geht zu ihren Lasten. Außerdem kann das Sozialprestige des grünen Berufs als geringer empfunden werden.

So war's bei mir

„Meine Frau sagte mir, dass die Imkerei meine Sache sei und nicht die ihre. Sie klagte, dass sie mich zu oft in der Latzhose sehe und so wenig im Anzug. Ich dachte, dabei handele es sich nur um eine Äußerlichkeit. Doch ihr ging es um etwas Grundsätzliches: Sie hatte einmal einen aufstrebenden Akademiker geheiratet. Das war ihr sehr wichtig gewesen. Einen Imker hätte sie nie genommen. Sie legte Wert darauf, dass sie mein Imkerberuf nicht zur Bauersfrau macht. Sie erlernte einen steuerberatenden Beruf, um mich bei der Buchführung zu unterstützen."

Beuten sind schwer. Aber auch Futtereimer oder Kartons mit Honiggläsern müssen Sie bewältigen können.

WIE SIEHT MICH MEIN UMFELD?

Wenn jemand den Beruf wechselt, dann ist das zunächst für das soziale Umfeld sehr interessant. Die Freunde und Familienmitglieder wollen genau wissen, warum dieser Schritt scheinbar notwendig ist. Vielleicht sind sie ja selbst mit ihrer eigenen Situation nicht zufrieden und bewundern Sie, weil Sie den Wechsel gewagt haben. Sie stellen viele Fragen, z. B. ob man denn „von der Imkerei leben" könne. Oder wie Sie sich Ihr Alter vorstellen, wenn Sie nicht mehr so körperlich belastbar sind.

Zunächst mögen bei Ihren Freunden und Bekannten das Erstaunen und die Bewunderung überwiegen, doch dann tritt ein neuer Normalzustand ein, in dem Ihnen Ihr ehemaliges soziales Umfeld möglicherweise nicht mehr auf Augenhöhe begegnet. Ihre ehemaligen Kollegen machen weiter Karriere, während Sie mit einem gebrauchten LKW Bienenvölker in den Oderbruch oder in den Schwarzwald transportieren.

Fragen Sie sich also, ob Sie das wirklich möchten. Unterschätzen Sie nicht, wie Ihr Bekannten- und Freundeskreis auf den Berufswechsel reagiert und wie hinter vorgehaltener Hand über Sie gesprochen wird!

BIN ICH KÖRPERLICH FIT?

Imkerei ist ein Knochenjob und darum nichts für Hänflinge. Zwar können Sie sich mit moderner Hebe- und Transporttechnik die körperliche Arbeit erleichtern. Doch wie viele

Betriebsstunden lang brauchen Sie diese Maschinen wirklich? Jedes Gerät, das Sie nutzen, um Ihren Rücken zu schonen, steht die meiste Zeit herum und verursacht Kosten.

Um sich z. B. das Schleppen von schweren Futtereimern zu sparen, können Sie sich Sirup in 1000-l-Gefäßen, den Cubitainern, anliefern lassen. Um das Futter dann in die Völker zu bekommen, benötigen Sie einen Gabelstapler, einen Anhänger, eine Zugmaschine (oder einen großen Pickup) und eine Futterpumpe samt Schlauch. Das ist nur ein Beispiel, denn auch das Wandern, Ernten, Verflüssigen und schließlich das Ausliefern der Ware sind mit körperlicher Arbeit verbunden.

Ein Karton mit zwölf gefüllten Honiggläsern wiegt 8,6 kg. Mehr als drei dieser Kartons werden Sie nicht auf einmal tragen wollen (ca. 26 kg). Nun überlegen Sie sich, wie viele Kartons Sie an einem Markttag bewe-

Wenn Sie als Berufsimker arbeiten wollen, sollten Ihre Angehörigen im Idealfall nicht dagegen sein, sondern Sie unterstützen.

gen müssen. Klar ist: Imker brauchen kein Fitnessstudio.

Prüfen Sie also, was Sie körperlich leisten können und welche Technik Sie nutzen möchten. Schätzen Sie an dieser Stelle ab, was Sie diese Technik kostet. Vergessen Sie nicht, die dafür notwendige Abstellfläche mit einzuplanen. Wo es Ihnen an der Körperkraft oder an der Technik fehlt, kann auch ein Mitarbeiter eine Erleichterung für Sie sein.

WELCHE QUALIFIKATIONEN HABE ICH?

Wer seine Imkerei zur Berufsimkerei umbaut, hat bereits unter Beweis gestellt, dass er Liebe und Einfühlungsvermögen gegenüber seinen Bienen mitbringt. Doch Erwerbsimker müssen noch mehr können.

- Sie sollten etwas über landwirtschaftliche Kulturen und der Auswirkung der Fruchtbarkeit des Bodens, der Bodenfeuchtigkeit und der Sortenwahl auf die Nektarproduktion von Trachtpflanzen wissen. Ein Imker muss aus den Angaben, die ihm ein Landwirt macht, erkennen können, ob sich der Aufwand einer Wanderung mit Bienen lohnt.
- Sie sollten Holz bearbeiten können. Es geht hier um mehr als Holzbasteleien, sondern um die Herstellung von mehreren Dutzend, wenn nicht Hunderten von Zargen und Böden. Ein Imker sollte mit Säge, Dickenhobel und Oberfräse umzugehen wissen. Er sollte auch scheinbare Kleinigkeiten beherrschen, etwa das Nassschleifen von Hobelmessern und Stechbeiteln. Wer zudem auch Blech schneiden und löten kann, ist im Vorteil. Auf YouTube gibt es zahlreiche Videos, in denen diese Arbeiten erklärt werden.
- Sie sollten Kenntnisse in der Herstellung von Lebensmitteln mitbringen, vor allem von hochwertigen. Hier geht es in erster Linie um die Soft Skills, die für die Lebensmittelberufe notwendig sind. Das sind Arbeitsweisen, die durch Sorgfalt, gute Hygienepraxis, Selbstständigkeit und Verantwortungsbewusstsein zum erwünschten Ergebnis führen. Imker sollten wie Köche unter Zeitdruck arbeiten können. Sie dürfen dabei nicht nachlässig werden. Sie brauchen eine ruhige Hand und ein gutes Auge. In der Praxis bedeutet das, dass Sie z. B. nach einem Tag, an dem Sie ihre Bienenvölker mittels Kippkontrolle auf Schwarmneigung kontrolliert haben, noch einige Zuchtleisten belarven können. Körperliche Anstrengung darf nicht auf Kosten der Feinmotorik gehen.

BIN ICH EIN GUTER UNTERNEHMER?

Auch wer nicht im Management oder der Verwaltung gearbeitet hat, bringt Kenntnisse mit, die er in seiner Imkerei nutzen kann. Er weiß, wie Unternehmen funktionieren und arbeiten müssen. Er kennt die Stellschrauben für den wirtschaftlichen Erfolg. Kurz: Ein ehemaliger Manager kann nicht nur in seinem Unternehmen, sondern auch an ihm arbeiten.

Peter Stieber (60), Betriebswirt

„Den Vertrieb in meiner Imkerei habe ich unter anderem durch den Besuch von Messen aufgebaut. Dort habe ich erfolgreich Kontakte zu Handelsunternehmen hergestellt. Dabei hat mir geholfen, dass ich weiß, wie in Konzernen gedacht und entschieden wird. Das war ja meine Welt. Wir sprechen eine Sprache. Weil außerdem Hygiene und Lebensmittelsicherheit auch bei unseren Verpackungen entscheidend waren, habe ich beides auch in meiner Imkerei fest im Blick. Manches musste ich aber auch noch dazulernen, sogar auf meinem Spezialgebiet. Dazu gehört, dass z. B. eine dreistufige Kalkulation in der Imkerei nicht reicht. Das ist viel komplizierter.“

WARUM WILL ICH IMKER WERDEN?

Hier geht es um die innere Motivation, eine Imkerei zu gründen. Über 40 % der Unternehmensgründer geben an, dass sie selbstbestimmt arbeiten und deshalb ihr eigener Chef sein wollen. Etwas über 20 % geben an, dass sie eine zündende Geschäftsidee haben, die sie als Unternehmer verwirklichen möchten. 13 % Prozent der Gründer sind Notgründer, die einer zähen, langwierigen und möglicherweise ergebnislosen Jobsuche ausweichen möchten.

Prüfen Sie, was auf Sie zutrifft. Jede dieser Motivationen kann zum Erfolg führen, doch jede hat auch ihre Fallstricke. Selbstbestimmte Arbeiter neigen dazu, alles alleine machen zu wollen und beratungsresistent zu sein. Wem es vor allem um seine Geschäftsidee geht, der überschätzt häufig ihr tatsächliches Marktpotenzial. Notgründer versuchen sich oft in fremden Branchen und kennen deren ungeschriebene Gesetze nicht. Außerdem verfügen sie (noch) nicht über die für einen unternehmerischen Erfolg bedeutsamen Kontakte. Überlegen Sie, was Sie antreibt und warum es unbedingt eine Imkerei sein muss.

BRAUCHE ICH EINEN PARTNER?

Imkern macht zu zweit mehr Spaß. Denn so allein bei den Bienen zu sein, ohne jede Ansprache, ist monoton. Daher sind ein Mitstreiter oder eine Begleitung eine gute Idee, sowohl für die Mithilfe als auch für die Aufgabenverteilung in der Imkerei. Partner bringen Erfahrungen und Kenntnisse mit, die zu den eigenen passen und diese ergänzen. Wenn sich die Gründer schon vorher kennen, wissen sie auch, wie sie miteinander umspringen und wie sie Erfolge gemeinsam feiern können.

Allerdings können Streitereien zur Belastung werden und dem Gründungsprojekt schaden, insbesondere, wenn es um die Verwendung der in einer Imkerei oft unregelmäßig fließenden Geldmittel geht. Wie so oft in der Landwirtschaft können Fehler oft erst im Folgejahr ausgemerzt werden. Manche Fehler, etwa die Wahl eines falschen Winterfutters oder eine fehlerhafte Einschätzung der Varroa-Situation, können den Bestand der Imkerei ernsthaft gefährden. Fragen Sie sich daher, wie ein Freund, mit dem Sie eventuell gründen wollen, in einer Krisensituation reagiert. Wird er mitziehen oder wird er sich zurückziehen?

Haben Sie Ihre Zweifel, ob die Zusammenarbeit auch unter den Bedingungen einer Krise funktioniert, dann empfiehlt sich eher, auf die Partnerschaft zu verzichten. Dann fahren Sie mit einem neutralen Angestellten wesentlich besser. Dann können Sie selbst entscheiden und in Krisensituationen ggf. auch die Arbeitsstunden Ihres Angestellten reduzieren.

Sebastian Kromer (40), Dipl.-Kaufmann (FH) und Anlageberater für Windkraftanlagen

„Ich packe gern etwas gemeinsam mit anderen an. Ich bin kein Einzelkämpfer, sondern arbeite gern im Team. Meinen späteren Geschäftspartner Christoph lernte ich über den Kindergarten unserer Töchter kennen. Erst waren die Kinder, dann waren wir befreundet. Wir haben den Aufbau der Imkerei ganz aus eigenen bzw. aus selbst erwirtschafteten Mitteln finanziert und sind daher finanziell unabhängig. Ich kümmere mich mehr um das Kaufmännische und er sich um die Wanderplätze und die Kontakte zu den Landwirten. Die Bienen bewirtschaften wir gemeinsam, Schulter an Schulter. Für die Honigverarbeitung haben wir Mitarbeiter eingestellt.“

WELCHE DEFIZITE HABE ICH?

Indem Sie Antworten auf die bisherigen Fragen gefunden haben, haben Sie Ihre Erfahrungen und Tätigkeiten den für die Imkerei relevanten fachlichen und kaufmännischen Qualifikationen zugeordnet. Vermutlich werden Sie an der einen oder anderen Stelle erkannt haben, dass Sie etwas nicht so gut können, wie es wünschenswert wäre.

Sie können diese Defizite beheben, indem Sie Praktika in Erwerbsimkereien absolvieren oder Kurse und Seminare besuchen. Beschäftigen Sie sich mit der betriebswirtschaftlichen Fachliteratur und schließen Sie so die Lücken, die Sie hindern, ein erfolgreicher Imkerei-Unternehmer zu werden.

Doch es geht auch ohne einen großen Teil der speziellen Kenntnisse, denn Sie können fast alle Aufgaben von externen Dienstleistern und Experten abdecken lassen. Dafür bieten sich z. B. ein Buchhalter oder Steuerberater, ein Büroservice oder eine Werkstatt für Behinderte an.

Überlegen Sie sich, ob Sie einzelne Arbeitsfelder ausgliedern wollen. Das könnte zum Beispiel die Honigverarbeitung sein.

Roland Jäger (37), Biochemiker

„Ich habe die komplette Honigverarbeitung ausgegliedert. Das ermöglicht mir ein organisches Wachstum. Die Völkerzahl soll sich von Jahr zu Jahr höchstens verdoppeln und ich möchte in drei bis vier Jahren am Ziel sein. Durch die Ausgliederung kann ich mich um das Wachstum kümmern, anstatt an vielen Baustellen mit vielen Nadelöhren zu arbeiten. Es ist günstig, dass sich in der Nähe meiner Imkerei eine ökozertifizierte Werkstatt für Behinderte befindet. Ich muss nur die vollen Honigräume abgeben. Die Mitarbeiter schleudern und klären den Honig. Dann füllen sie ihn in Gläser ab. Ich muss mich daher gar nicht um hygienisch-technische Räume und deren Ausstattung kümmern, die ich nur für drei bis vier Schleuderungen im Jahr brauche. Ich weiß, dass ich einen wichtigen Teil der Wertschöpfungskette abgebe, aber die Werkstatt bietet mir die Leistung zu einem fairen Preis an. Das passt gut in meine Kalkulation. Bei den für die Wanderung nötigen Transporten mache ich das genauso. Ich miete die Fahrzeuge und die Verladetechnik an.“

Imker ist ein Ausbildungsberuf, in dem nicht nur die Handhabung des Stockmeißels gelehrt wird.

Was muss ein Imker können?

Imker ist ein Ausbildungsberuf. Bei der Prüfung, ob Sie diese Tätigkeit ausüben können, lohnt es sich, einen Blick auf die Inhalte der dreijährigen Ausbildung zum/zur Tierwirt/in-Imkerei (Berufs-ID 367/11232-900) zu werfen[1].

Im Ausbildungsbetrieb lernen die Auszubildenden beispielsweise:

- wie man Tiere hält, versorgt und kennzeichnet;
- wie man Zuchtdaten erfasst und dokumentiert;
- was man bei der Gesundheitsfürsorge für Tiere beachten muss, wie man Medikamente nach Anweisung verabreicht und dem Tierarzt assistiert;
- wie man einen Bienenschwarm aufbaut, versorgt und pflegt bzw. Bienenvölker vereinigt und auflöst;
- wie man Honig gewinnt, dessen Qualität beurteilt und ihn nach lebensmittelrechtlichen Regelungen verarbeitet und abfüllt;
- wie man Bienenvölker vermehrt und Königinnen züchtet, und was man beim Prüfen der Bienengesundheit beachten muss;
- wie Bienenvölker ein- und ausgewintert werden, wie man sie füttert und was man beachten muss, wenn man Bienenunterkünfte baut;
- welche Trachtpflanzen es gibt, wie man geeignete Standorte für Bienenvölker auswählt und wie man die Bienenweiden verbessern kann;
- welche rechtlichen Voraussetzungen die Bienenhaltung und die Bienenwanderung haben und wie man Bienenvölker transportiert;
- welche Bedeutung die Bienenhaltung für die Bestäubung von Nutzpflanzen und für den Naturschutz hat;
- wie man die Schwarmstimmung von Bienenvölkern beurteilt und verhindert, dass sie ausschwärmen.

Darüber hinaus werden während der gesamten Ausbildung Kenntnisse über Themen wie Rechte und Pflichten während der Ausbildung, Organisation des Ausbildungsbetriebs und Umweltschutz vermittelt.

In der Berufsschule erwirbt man weitere Kenntnisse:

- neue Mitarbeiter/innen in den Betrieb einzuführen;
- Geräte, Maschinen und Anlagen zu handhaben;
- Tierunterkünfte herzurichten und instandzuhalten;
- Bienenprodukte zu vermarkten;
- bei der Führung einer Berufsimkerei mitzuwirken.

1) Quelle: Bundesagentur für Arbeit

Bauen Sie eine Imkerei auf!

Wenn Sie Ihr Hobby zum Beruf machen möchten, dann sind Sie der angehende Gründer eines Start-ups. Sie gründen ein Unternehmen der Land- und Forstwirtschaft.

Um einen Businessplan zu erstellen, müssen Sie schon ein wenig rechnen.

Professionelle Beratung

Gründungsberater bieten Ihnen professionellen Rat und Unterstützung beim Verfassen eines Geschäftsplans an. Dadurch können Sie die Erfahrungen eines Experten nutzen. Das ist besonders dann sinnvoll, wenn Sie Zuschüsse für Ihre Gründung einwerben möchten. Es gibt in Deutschland ein ausgeprägtes Förderwesen für Unternehmensgründer. So werden 50 bis 100 % des Honorars von öffentlichen Stellen übernommen. Daneben bieten die Bieneninstitute Beratung bei imkerlichen Fragen an. Nutzen Sie beides!

Bei den meisten Gründern ist die anfängliche Unsicherheit groß und sie geraten schon bei dieser einfachen Frage ins Schwimmen: „Es gibt doch schon so viele, die Bienen haben. Was wollen Sie denn anders machen?" Diese Frage ist nicht nervig. Sie hilft Ihnen vielmehr, einen zu Ihnen passenden Businessplan für Ihre Imkerei zu finden. Dieser Geschäfts- oder Unternehmensplan fasst alle Aspekte Ihres Vorhabens zusammen. Er beschreibt detailliert Ihr Unternehmen und sein Angebot.

Trennen Sie sich an dieser Stelle von der Vorstellung, dass Sie einen Businessplan nur für Investoren, die Bank oder Geber von Wagniskapital benötigen. Der Businessplan ist vor allem für Sie selbst sinnvoll und zwar auch dann, wenn Sie Ihr Imkereiunternehmen aus eigener Kraft stemmen können und kein Kapital von Dritten benötigen.

Im Internet finden Sie viele Businesspläne. Es gibt sogar Angebote, die vorgeben, Sie auf eine Imkerei-Neugründung vorzubereiten. Verstehen Sie all diese Vorlagen als Muster. Sie haben ihre Berechtigung, weil sie Ihnen zeigen, wie so ein Businessplan aussehen kann. Ob es sich dabei um Geschäftspläne für Imkereien oder ein Gewerbe handelt, ist gar nicht so wichtig. Selbst wenn Sie einen Imkerei-Business-Plan auftreiben, dürfen Sie diesen niemals als ein Rezept oder einen Bauplan für Ihr Imkereiunternehmen verstehen. Gut ausgearbeitete Pläne helfen Ihnen aber dabei, Ihr Vorhaben so zu durchdenken, dass Sie erkennen, worauf es ankommt.

Welche Produkte bieten Sie an?

Um Ihr Geschäftsmodell dreht sich Ihr ganzes Imkerei-Unternehmen. Das ist etwas völlig anderes, als Hobby-Imker zu sein. Denn bisher haben Ihnen die Bienen ein großartiges Naturerlebnis geliefert. Oder Sie haben die Entschleunigung Ihres Lebens im Umgang mit den summenden Insekten genossen. Das mögen Motive sein, sich noch mehr mit den Immen zu beschäftigen, doch das sind keine verkaufsfähigen Produkte.

Sicher haben Sie sich schon einige grundlegende Gedanken zu Ihrer Imkerei gemacht. Bevor Sie in Details einsteigen, sollten Sie die wichtigsten Grundlagen schon einmal zusammenfassen. Das geschieht, indem Sie jeweils eine kurze Antwort auf diese Fragen finden.

- Wie will ich Umsätze generieren?
- Was will ich verkaufen?
- Welche Rechtsform will ich wählen?
- Wo ist der Standort meiner Imkerei und warum habe ich genau diesen gewählt?
- An wen möchte ich meine Produkte zu welchem Preis verkaufen?

Das Ergebnis dieser Überlegungen könnte in etwas so aussehen: Meine Imkerei befasst sich mit der Produktion der beliebtesten Honigsorten in meinem Ort und ihrem

Wenn Sie Ihr Hobby zum Beruf machen, gründen Sie ein Unternehmen der Land- und Forstwirtschaft.

Überlegen Sie sich, welche Produkte Sie anbieten wollen, um das Interesse Ihrer Kunden zu wecken.

Umfeld. Innerhalb der kommenden fünf Jahre soll der Völkerbestand von zehn auf 200 erhöht werden. Der gewonnene Honig wird in 500-g- und 250-g-Gläsern angeboten. Richtpreis für den Verkauf an den Handel sind 4,50 € netto pro 500-g-Einheit.

Die vorhandene Hobbyimkerei wird zum 01. 04. 2018 in eine erwerbsorientierte Imkerei umgewandelt. Sie hat ihren Sitz in meinem Einfamilienhaus. Die Imkerei besteht aus einem Büro, einem Schleuderraum, der in der ehemaligen Garage untergebracht ist. Die ehemalige Waschküche des Einfamilienhauses dient als Abfüllraum. In einem fest gemauerten ehemaligen Ziegenstall befinden sich die Holzwerkstatt und die Wachsküche. Eine angemietete kleine Halle von 30 m² dient als Honiglager.

Die Imkerei wird als Einzelfirma geführt und konzentriert sich auf inhabergeführte Supermärkte und Einzelhandelsbetriebe des Handwerks. Daneben wird ein zweimal wöchentlich stattfindender Wochenmarkt beschickt.

Welche Zielgruppen bedienen Sie?

Imker bewegen sich mit der Imkerei immer noch in einem Verkäufermarkt, d. h. die Nachfrage übersteigt das Angebot. Trotzdem ist es keinesfalls so, dass sich das süße Produkt ganz von selbst verkauft. Daher brauchen Sie als Erwerbsimker eine Vorstellung, wer Ihre Kunden sind, damit Sie Ihre Waren und Leistungen entsprechend anbieten können.

Beschreiben Sie Ihren geografischen Aktionsradius. Überlegen Sie sich, wen Sie ansprechen wollen – Privatleute (Verbraucher) und/oder Unternehmer? Bringen Sie in Erfahrung, was diese jeweils auszeichnet.

Bei Privatkunden interessieren besonders die soziodemografischen Merkmale. Dazu zählen Geschlecht, Alter, Bildungsniveau, Beruf, Einkommen und Familienstand. Überlegen Sie sich auch, welche Eigenschaften diese Menschen besonders auszeichnen. Es gibt gesundheitsbewusste, ökologisch interessierte, aber auch experimentierfreudige Kunden.

Wenn Sie feststellen, dass Ihre Kunden ganz verschieden sind, dann unterteilen Sie sie in Zielgruppen. Innerhalb einer Zielgruppe sollten Ihre Kunden möglichst homogen sein. Das hat den Vorteil, dass Sie diese Kundengruppen jeweils ganz genau ansprechen können. Es geht dabei darum, die Bedürfnisse der Zielgruppe mit Ihrem Angebot erreichen zu können. Finden Sie Antworten auf die folgenden Fragen!

WIE GROSS IST IHR AKTIONSRADIUS?

Die Landwirtschaft und besonders die Imkerei sind in der Regel ein sehr regionales Geschäft. Wenn Sie auf dem Land leben und sich für den Verkauf an den Verbraucher entscheiden, dann sind oft Markttage in der nächsten Großstadt der richtige Vertriebsweg. Entsprechend groß ist Ihr Aktionsradius.

Liegt Ihre Imkerei am Rand einer Großstadt, dann reichen oft schon die Ihnen am nächsten gelegenen Stadtteile. Sind aber Hotels und Restaurants Ihre Zielkunden, dann umfasst Ihr Aktionsradius die gesamte

Überlegen Sie, wie groß Ihr Aktionsradius ist. Wollen Sie in den Direktverkauf einsteigen?

Stadt. Besteht Ihr Angebot aus seltenen Sorten, dann empfiehlt sich oft der Vertrieb über das Internet, sodass Sie Ihren Honig im ganzen Land absetzen können.

WELCHE KÄUFER SPRECHEN SIE AN?

Unternehmen können Lebensmitteleinzelhändler, andere Imker oder Abfüllstellen sein. Hier interessiert Sie vor allem, welche Sorten in welchen Mengen nachgefragt werden. Suchen Sie sich die Unternehmensgröße, die zu Ihrem Unternehmen passt. Eine einzelne Imkerei ist in der Regel nicht in der Lage, mehr als ein Dutzend Einzelhandelsgeschäfte zu beliefern. Es macht also gar keinen Sinn, sich an Unternehmen mit einer größeren Anzahl von Filialen zu wenden.

Es gibt viele Imker, die Unternehmen und Verbraucher ansprechen. Sie verkaufen an Einzelhändler und direkt an Verbraucher. Oder Sie versorgen Privatkunden mit Honig und verkaufen die Mengen, die sie so nicht absetzen können, an andere Imker, die weniger Honig produzieren, als sie absetzen könnten.

WELCHE BEDÜRFNISSE HABEN IHRE KUNDEN?

Einzelhändler haben andere Bedürfnisse als Kunden aus der Gastronomie. Einzelhändler wollen Honigsorten, die sich nach Möglichkeit im geheizten Geschäft nicht verändern. Flüssige Honige sollen flüssig bleiben und cremige sich nicht absetzen. Die Aufmachung der Ware ist ihnen sehr wichtig. Soll

Zeichnen Sie einen Logikbaum

Mit einem Logikbaum strukturieren Sie Ihre Zielgruppen systematisch. Nehmen Sie sich ein Blatt Papier. Tragen Sie unten die Gesamtheit Ihrer Kunden als Stamm ein. Zerlegen Sie nun die Gesamtgruppe mittels immer feinerer Verzweigungen in einzelne Zielgruppen. Achten Sie darauf, dass Sie diese Zielgruppen messerscharf voneinander abgrenzen können.

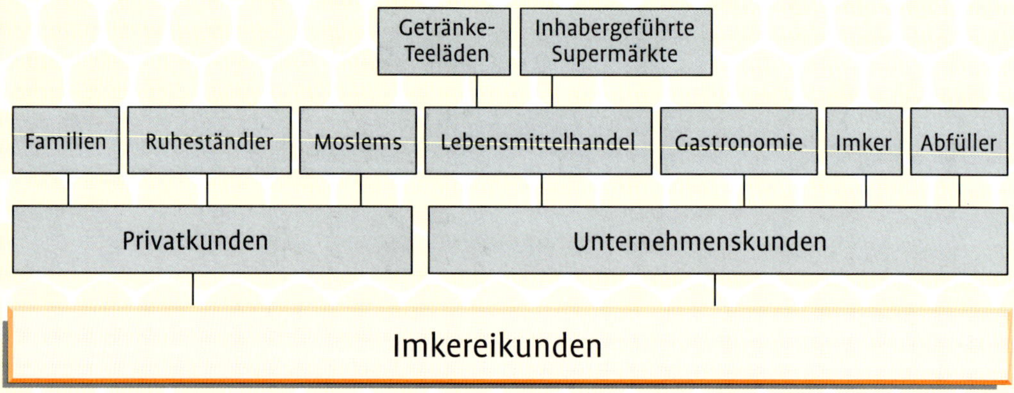

Mit einem Logikbaum können Sie sich selbst Ihre Zielgruppen vor Augen führen.

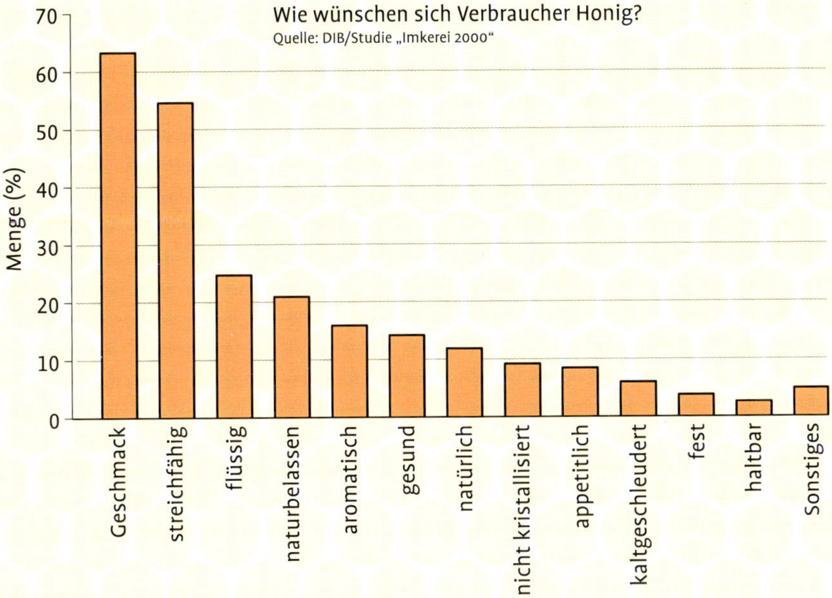

Geschmack und Streichfähigkeit sind für die meisten Verbraucher besonders wichtig.

der Honig in der Gastronomie als Zutat verwendet oder umgefüllt werden, dann interessiert die Aufmachung nicht. Diese Kundengruppe kauft nur flüssige Honige.

Auch bei den Privatkunden gibt es ganz unterschiedliche Bedürfnisse. Die Studie „Imkerei 2000“, die vom Deutschen Imkerbund bei der TU Berlin in Auftrag gegeben wurde, hat die Ansprüche erforscht, die Verbraucher an die Honigqualität haben. Geschmack und Streichfähigkeit nehmen die Spitzenplätze ein.

Gewerbekunden ist gemein, dass zwischen Bestellung und Auslieferung möglichst wenig Zeit liegen soll. Privatkunden sind oft geduldiger oder wählen den Honig, der gerade abgefüllt im Angebot ist.

So war's bei mir

„Ich hatte zehn Tage in Folge einen Verkaufsstand in einer innerstädtischen Mall. Die Mall war zu jeder Uhrzeit sehr gut besucht. Doch zu jeder Zeit und auch an unterschiedlichen Wochentagen waren verschiedene Kundengruppen mit unterschiedlichem Kaufsverhalten unterwegs. Morgens kauften vor allem Rentner Honig in kleinen Abpackungen. Am Nachmittag waren Mütter mit ihren (schulpflichtigen) Kindern unterwegs. Nun verkauften sich die 500-g-Gläser viel besser, gefüllt mit den beliebtesten Sorten, wie z. B. Raps. Gegen Abend nahm der Anteil berufstätiger Singles zu, die seltene Sorten in kleinen Gläsern kauften. Am Samstag waren es wieder vor allem die Familien und betuchtere Kunden, die große Gläser und teurere Sorten verlangten. Kunden mit Migrationshintergrund kauften durchweg nur die flüssigen Honigsorten und fragten nach unverfälschtem Honig.“

WELCHE ZIELGRUPPEN SIND IHNEN AM WICHTIGSTEN?

Viele Gründer meinen, mit der Entscheidung für eine Zielgruppe schlössen sie mögliche Kunden von vornherein aus. Sie begehen den Fehler, ihre Kundengruppen entweder gar nicht oder sehr grob zu gliedern. Doch es gibt kein Produkt, das für alle passt. Daher hat es sich bewährt, das Warenangebot, die Preise und die Werbung auf einige wenige, ausgewählte Kundengruppen auszurichten. Das sollten die gewinnträchtigsten sein. Nach der nach dem italienischen Ökonomen Vilfredo Pareto (1848–1923) genannten Regel erzielen Sie mit 20 % Ihrer Kunden 80 % Ihrer Umsätze.

Rolf Stengel (51), ehem. Aufnahmeleiter

„Meinen Honig vermarkte ich ausschließlich direkt, weil ich die volle Marge brauche. Dazu stehe ich jeden Freitag und Samstag auf jeweils einem Wochenmarkt. Diese Termine sind fest gesetzt. Die Zeit mit der Familie und die Arbeit in der Imkerei ordne ich um diese Märkte herum an. Daneben verkaufe ich auch oft Honig direkt an der Straße aus der Heckklappe eines Kleinwagens heraus. Das geschieht aber nicht mit der Regelmäßigkeit des Marktangebots.“

Es reicht nicht, dass Ihre Bienen genügend Honig produzieren. Ihn geschickt zu vermarkten ist Ihre Aufgabe.

Ihre Imkerei am Markt

Mit den Angeboten Ihrer Imkerei bedienen Sie die Nachfrage nach Imkereiprodukten. Der Ort, wo sich Angebot und Nachfrage begegnen, ist Ihr Markt. Nach der Theorie des Markts macht der Anbieter das meiste Geschäft, der die Nachfrage am besten bedienen kann. In diesem Teil Ihres Geschäftsplans zeigen Sie, dass Sie verstanden haben, wie der Markt für Imkereiprodukte funktioniert – und wo er nicht funktioniert und wie Sie diese Erkenntnis nutzen.

Nur im Modell ist der Markt vollständig, doch schon in der Realität eines Wochenmarkts zeigt es sich, dass Kunden den Markt verlassen, sobald sie die Salatgurke gefunden haben, die sie brauchen. Sie verschaffen sich gar keinen Überblick über das gesamte Gurkenangebot.

So ist es auch mit dem Markt für Ihre Imkerei. In der Regel ist für Sie gar nicht der gesamte deutsche Honigmarkt relevant, sondern nur ein sehr regionaler Anteil. Beziehen Sie sich bei Ihrer Marktanalyse vor allem auf diesen Markt. Beschreiben Sie die Handelnden, die Marktmechanismen, die konjunkturellen Schwankungen, Preise und die Veränderungen, die Sie bemerken. Fragen Sie sich, ob es typische Vertriebsstrukturen wie den Markthandel gibt. Erkennen Sie Vertriebswege, die nicht so gut funktionieren.

Auch wenn Sie über keine hellseherischen Fähigkeiten verfügen, lohnt es sich, einen Blick in die Zukunft zu werfen. Wie wird sich der Markt für Imkereiprodukte wohl entwickeln? Wenn Sie mit Ihren Produkten Teil eines speziellen Marktsegments wie dem von Bioprodukten sind und dieses sich rasant entwickelt, dann betrifft das auch Ihr Angebot. Berücksichtigen Sie auch, dass in den vergangenen Jahren viele neue Anbieter mit ihrem Angebot in den Markt gekommen sind.

Den deutschen Honigmarkt analysiert der Deutsche Imkerbund regelmäßig in seinem Jahresbericht. In einem umfangreichen Anhang werden auch die Honigim- und -exporte aufgeschlüsselt. Manches davon ist auch für Sie relevant, weil ein regionaler Honigmarkt Teil eines größeren ist. Doch es kann mitunter erhebliche Abweichungen geben. So wird in Süddeutschland mehr Waldhonig verzehrt, während in Norddeutschland vor allem die Sorten Raps- und Heidehonig den Geschmack der Leute treffen.

FÜNF SCHRITTE ZUR MARKTÜBERSICHT

Mit Ihrer Imkerei bewegen Sie sich in einem lokal oder regional eng begrenzten Umfeld. Vielleicht werden Sie ab und an auch einige Gläser in entferntere Regionen liefern, doch darauf lässt sich kein erfolgreiches Geschäftsmodell aufbauen. Vertreiben Sie Ihren Honig direkt, so beschränkt sich Ihr potenzieller Käuferkreis auf wenige Kilometer rund um die Verkaufsstelle. Sehen Sie das nicht als Nachteil an, denn tatsächlich erleichtert Ihnen dieser Umstand das bessere Kennenlernen Ihres Markts. Gehen Sie dabei in fünf Schritten vor.

Legen Sie die Grenzen Ihres Markts fest

Fragen Sie sich, wie viele Kilometer potenzielle Kunden zurücklegen, um zu Ihnen zu kommen. Die Daten erhalten Sie, indem Sie sich z. B. bei Wein-, Tee- oder anderen spezialisierten Geschäften erkundigen, wie groß ihr Einzugsbereich ist. Diese Geschäfte bedienen so wie Sie mit Ihrer Imkerei den Bedarf nach hochwertigeren Lebensmitteln oder nach einer größeren Vielfalt, als die der Vollsortimenter im Lebensmitteleinzelhandel.

Ermitteln Sie die Einwohnerzahl

Auf einer Landkarte tragen Sie die regionalen Grenzen Ihres Markts aus dem ersten Schritt ein. Nun ermitteln Sie, wie viele Einwohner innerhalb dieser Grenzen wohnen. Die Daten dazu finden bei Wikipedia unter den Einträgen zu den einzelnen Orten. Eine andere Möglichkeit ist eine Anfrage bei den Orts-, Gemeinde- und Stadtverwaltungen, also im jeweiligen Rathaus.

Bestimmen Sie die Anzahl der potenziellen Kunden

Nun beginnt die detektivische Arbeit, aus den verschiedenen Studien zu den Frühstücksgewohnheiten und zum Honigverzehr die konkrete Zahl der potenziellen Honigkunden zu errechnen. Folgendes ist bundesweit bekannt: 70 % der Menschen in Deutschland frühstücken wochentags nur 12 min lang, am Wochenende sind es 20 min und mehr. 10 % verbringen sogar mehr als eine Stunde am Frühstückstisch. 33 % verzehren beim Frühstück Honig. (Frühstücksumfrage unter 1000 Bundesbürgern des Marktforschungsinstituts Ears and Eyes, 2012.)

Berechnung des Marktanteils

Benutzen Sie diese Formel, um Ihren Marktanteil zu errechnen:

Marktanteil (%) =
Eigener Umsatz / Marktvolumen × 100

Ergänzen Sie die Leitfragen dieses Abschnitts Ihres Geschäftsplans mit eigenen, selbst ermittelten Daten.

Berechnen Sie nun die Größe Ihres Markts

Jeder Bundesbürger verzehrt im Durchschnitt 1,1 kg Honig pro Jahr. Bundesweit reicht der Jahresertrag eines Bienenvolks aus, um rund 26 Menschen mit Honig zu versorgen (Dt. Imkerbund). Nutzen Sie diese Zahlen, um zu errechnen, wie viel Honig Sie potenziell in Ihrem Verbreitungsgebiet absetzen können.

Prüfen Sie Ihren möglichen Marktanteil kritisch

In den vorangegangenen vier Schritten haben Sie eine Vorstellung gewonnen, wie groß der Markt ist, auf dem Sie sich mit Ihrer Imkerei als Akteur bewegen. Wenn Sie der einzige Anbieter wären und alle Preis- und Qualitätssegmente abdecken könnten, dann hätten Sie einen Marktanteil von 100 %. Viele Gründer haben völlig falsche Vorstellungen, was ein möglicher Marktanteil ist. Sogar sehr starke Marken wie Mercedes (2016: 9,5 %) oder Aldi (2016: 11,9 %) müssen sich mit bescheidenen Marktanteilen begnügen. Das erscheint umso erstaunlicher, da diese Märkte hoch konzentriert und nur von wenigen Anbietern geprägt sind.

Das heißt für Sie: Gehen Sie realistisch von einem Marktanteil im niedrigen einstelligen Bereich aus. Er dürfte weit unter 10 % liegen, denn allein 80 % des Honigbedarfs werden mit Importhonig gedeckt. Daran werden Sie nichts ändern, denn dieser Importhonig entspricht dem Standard der Deutschen Honigverordnung, während die meisten hiesigen Imker danach trachten, einen Premiumhonig nach den Kriterien des Deutschen Imkerbundes herzustellen.

WIE LÄSST SICH DER MARKT FÜR IMKEREIPRODUKTE EINGRENZEN?

Der deutsche Honigmarkt ist von vielen verschiedenen Honigmarken geprägt. Neben Markenprodukten, wie z. B. Langnese, gibt

Meistens überschreitet die Reichweite Ihres Markts nicht den Flugradius Ihrer Bienen.

es zahlreiche Hausmarken, die in Discountern vertrieben werden. Diese richten sich mit ihrem Angebot von standardisierten Honigmischungen an preissensible Verbraucher.

Daneben gibt es einzelne Premiummarken, für die besonders das Einheitsglas des Deutschen Imkerbunds steht. Es wird von Abfüllstellen benutzt und ist im gut sortierten Lebensmitteleinzelhandel zu finden. In der gleichen Verpackung bieten auch viele Freizeitimker ihren Honig an. Im Westen Deutschlands ist das sehr weit verbreitet, während im Osten die meisten Imker das Neutralglas mit einem mehr oder weniger professionell gestalteten eigenen Etikett benutzen.

Die Reichweite des Markts für einheimischen Honig überschreitet nur selten den Flugradius der Bienen. Auch Nebenerwerbs- und Berufsimker verfügen in der Regel nicht über die Marktmacht, Ihren Honig in einem Umkreis von mehr als 50 km um ihre Imkerei herum zu verkaufen. Die Ausnahme bilden rund ein Dutzend Großimkereien. Sie vertreiben ihren Honig landes- oder deutschlandweit. In der Regel füllen sie die Honigernte komplett für eine überregional agierende Handelskette ab.

WAS BEEINFLUSST DIE ENTWICKLUNG DES MARKTS?

Die einheimische Honigproduktion wird vor allem von Hobby- und Nebenerwerbsimkern geprägt. Sie vertreiben ihren Honig überwiegend an der Haustür, direkt vor Ort auf

Märkten oder über inhabergeführte Lebensmittelgeschäfte. Die Durchschnittsproduktion pro Imker und Jahr beträgt rund 250 bis 300 kg.

Das regionale Honigangebot schwankt von Jahr zu Jahr und von Region zu Region sehr stark. So gab es im Jahr 2015 eine insgesamt höhere Honigernte als 2014 (DIB-Jahresbericht 2015/16, S. 66). Doch die regionalen Unterschiede waren teilweise erheblich. So wurden in Unterfranken im Durchschnitt 37,4 kg pro Volk geerntet, in Mittelfranken dagegen nur 29,4 kg. In Hessen wurden 42 kg geerntet, in Württemberg hingegen nur 19 kg. In der deutschen Hauptstadt Berlin fiel der Ertrag mit 27 kg pro Volk so niedrig wie seit 20 Jahren nicht mehr aus, denn die Haupttracht, die Ernte des Lindenhonigs, fiel wegen anhaltender Trockenheit bescheiden aus.

So wirkt sich vor allem das regionale Wetter auf das Honigangebot aus. Bei ungünstigen Witterungsbedingungen kann eine Ernte auch wegen Dauerregen, Kälteeinbrüchen (Eisheilige, Schafskälte) oder anhaltender Trockenheit ausfallen. Konkret bedeutet das: Kein Honig, keine verkaufsfähige Ware, dafür aber die vollen Kosten. Trotzdem steigt der Honigpreis auch in schlechten Erntejahren nur sehr langsam an, sodass Missernten nicht über einen höheren Honigpreis ausgeglichen werden können.

WELCHE TRENDS SIND ZU ERKENNEN?

Bio ist seit Jahren auch ein Leittrend auf dem Honigmarkt. Hieß es noch vor wenigen Jahren, dass auch konventionell erzeugter Honig naturbelassen und somit „bio“ sei, besteht heute eine Nachfrage nach zertifiziertem Bio-Honig. Der Honig folgt damit einem Trend, dessen Zahlen auf der „Biofach“, der Weltleitmesse für Biolebensmittel, veröffentlicht worden sind. Nach Angaben des Forschungs-

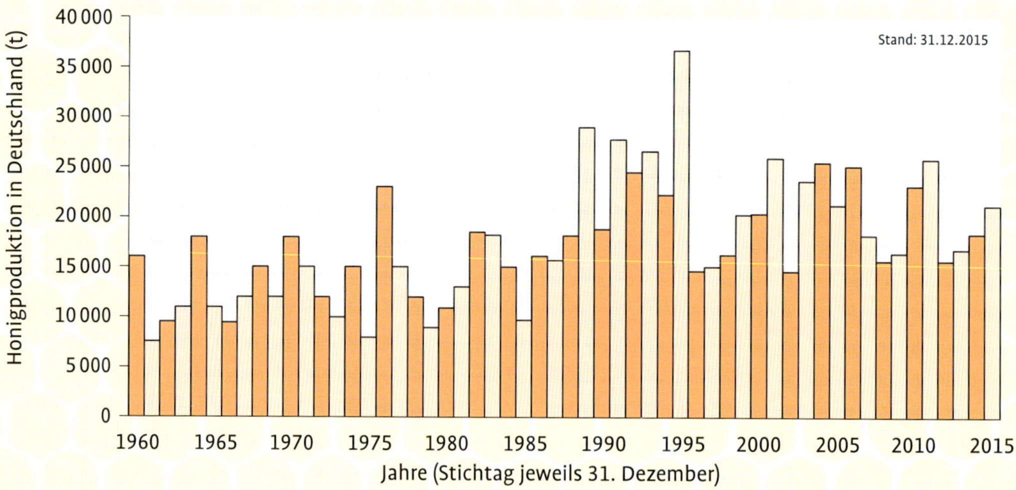

Schwankungen der Honigproduktion in Deutschland (DIB-Jahresbericht 2015/16, S. 119).

Rapshonig ist recht beliebt, doch Sie sollten sich auch überlegen, ob Sie besondere Sorten und Zubereitungen anbieten können.

institut für biologischen Landbau (FiBL) und der Agrarmarkt Informations-Gesellschaft (AMI) war Deutschland 2015 der größte Biomarkt in Europa (8,6 Mrd. Euro). Das Marktwachstum setzt sich weiter fort. 2016 wuchs der Biomarkt um 9,9 % auf 9,5 Mrd. Euro.

Gefragt sind auch **Produkte aus der Region**. 76 % der Bürger legen laut Ernährungsreport 2017 der Bundesregierung Wert darauf, Lebensmittel aus der Region zu bekommen. Regionalität ist nach dem Geschmack das zweitwichtigste Kriterium beim Lebensmitteleinkauf. Erst dann folgt der Preis.

Zwar fehlt es an einer klaren Definition, was regionale Produkte eigentlich sind, doch das soll Sie nicht stören. Wenn sogar importierter, aber regional abgefüllter Honig als regionales Produkt vermarktet wird, dann profitieren Sie umso mehr von dem Trend, wenn die Bienen auch in der Region gesammelt haben.

Honig wird immer mehr zum **Ganzjahresprodukt**. Früher war es eine Ware, die fast ausschließlich im Herbst und Winter verzehrt wurde. Imker erzielten ihren Hauptumsatz in der Vorweihnachtszeit. Heutzutage gibt es nur noch monatliche Schwankungen beim Honigabsatz, aber generell findet Honig das ganze Jahr über Käufer. Diese Entwicklung wird sich fortsetzen, wie es auch bei Schokolade (Winterprodukt) und Eiscreme (Sommerprodukt) zu erkennen ist.

Auch der Markt für **Honigzubereitungen** nimmt zu. Experimentierfreudige Kunden probieren Sorten wie Moosbeeren (Cranberrys) in Honig oder Marzipanhonig aus. Hier gibt es ein Potenzial für Honigzubereitungen, das vermutlich auch in Zukunft wächst.

Deutschland ist aufgrund seiner Frühstückskultur Spitzenreiter beim Honigverbrauch.

WIE GROSS IST IHR MARKT?

In Deutschland verzehrt jeder Verbraucher im Durchschnitt 1,1 kg Honig pro Jahr. Deutschland ist aufgrund seiner Frühstückskultur mit Brot oder Brötchen und süßem Aufstrich Spitzenreiter beim Honigverbrauch. 37 % der Verbraucher verzehren nach einer Studie der Axel Springer AG (Axel Springer Media Impact, 2009, S. 57) mehrmals in der Woche zum Frühstück Honig. Knapp 30 % der Verbraucherhaushalte kaufen einmal in der Woche Honig.

Der Jahresverbrauch aller Verbraucher in Deutschland liegt bei rund 88 t. Hierzulande werden aber nur rund 20 % selbst erzeugt. Dieser Anteil ist seit Jahren stabil. In Deutschland wurden im Jahr 2015 117 000 t Honig importiert. Hauptexportland war Mexiko mit 17 429 t. Von der gesamten importierten Menge von 90 340 t stammen 43 000 t aus Mittel- und Südamerika, das sind knapp 48 % (DIB-Jahresbericht 2015/16, S. 64).

WIE ENTWICKELT SICH DER HONIGMARKT?

Insgesamt ist der Honigverbrauch seit Jahren leicht rückläufig. Vor 60 Jahren wurden noch 1,4 kg Honig pro Kopf verzehrt. Wenn Verbraucher heute 300 g weniger pro Jahr verzehren, deutet das aber auf einen insgesamt sehr stabilen Markt mit wenig zusätzlichem Potenzial hin. Denn immer wieder ist Honig auch als Dickmacher, Zahnzerstörer oder belastetes Lebensmittel ins Gerede gekommen.

Heute steht Honig als tierisches Lebensmittel in der Kritik und damit als nicht passend zu einem veganen Lebensstil. Andererseits nimmt die Beachtung der Bienen als wichtige Bestäuber unserer Wild- und Kulturpflanzen zu. Das regt den Genuss von regionalem Honig als gute Tat für die heimische Biodiversität an.

Das Honigangebot im Internet, in Honig-Shops von Imkereien, über eBay und spezielle Imkerportale nimmt zu. Dieses Angebot ist jedoch bisher sowohl bei der Auslobung von Sorten wie z. B. „Waldhonig aus Hannover“ als auch bei der Preisgestaltung (250 g Rapshonig für 5,50 €) als laienhaft zu erkennen. Initiativen, das Angebot zu professionalisieren – z. B. „Heimathonig“ oder „Nearbees“ – sind schneller auf dem Zeitungsmarkt angekommen als auf dem Markt für Imkereierzeugnisse.

Beobachten Sie die Konkurrenz!

Auch wenn viele Gründer das vielleicht gern anders sehen würden: Die Welt hat nicht auf ihr Angebot gewartet. So ist es auch bei Ihnen. Weder blieb das Honigtöpfchen leer im Küchenschrank stehen, weil es an der Füllung mangelte, noch klafften im Regal der Lebensmittelgeschäfte in Ihrer Umgebung Lücken, weil Honig nicht aufzutreiben war. Kurz: Ihre honigproduzierenden Kollegen sind schon mitunter seit Jahren in einem Markt tätig, den Sie noch erobern möchten. Es ist für Sie lohnend, wenn Sie sich mit ihren Angeboten und Erfahrungen auseinandersetzen. Dann gelingt es Ihnen leichter, sich mit Ihrem eigenen Angebot zu positionieren.

Sie kennen Ihren Zielmarkt. Nun es geht es im nächsten Schritt darum, herauszufinden, welche und wie viele Wettbewerber es dort gibt. Beobachten Sie nur solche Imkereien, die über ein vergleichbares Angebot verfügen und die die gleichen Zielgruppen ansprechen wie Sie. Wenn Sie einen Wettbewerber ermit-

Zur Konkurenzbeobachtung gehört, sich einen Überblick über das Honigangebot in Ihrem Umfeld zu verschaffen.

Kaufkriterien

Imker und Verbraucher beurteilen Honig nach unterschiedlichen Qualitätskriterien. Imker neigen dazu, die Sauberkeit, Sortendeklaration und Konsistenz von Honig höher zu bewerten als Honigkäufer. Diesen sind die Aufmachung und die Frage wichtiger, ob die Verpackung nachher noch weiterverwendet werden kann, z. B. als Marmeladenglas. Imker können oft gar nicht so um die Ecke denken, wie es Honigkäufer tun.

teln, der Honig in großen Mengen produziert und an Lebensmitteleinzelhändler mit mehreren Verkaufsstellen vertreibt, Sie sich aber auf Teeläden und Bäckereien spezialisieren möchten, dann ist diese Imkerei kein Wettbewerber für Sie.

Es stimmt zwar, dass Verbraucher, die Honig im Lebensmitteleinzelhandel kaufen, dann nicht mehr beim Bäcker zugreifen, doch die Verbraucher sind nicht Ihre Kunden, wenn Sie an Wiederverkäufer verkaufen. Ihre Kunden sind die Händler. Ihre direkten Wettbewerber sind die, deren Ware jetzt noch im Regal Ihres Wunschkunden steht.

Verschaffen Sie sich mithilfe des Internets und der Branchenbücher einen Überblick über Ihre Konkurrenten. Suchen Sie Ihren Markt im wörtlichen Sinn auf. Wenn Sie Ihre Imkereiprodukte im Lebensmitteleinzelhandel absetzen möchten, dann schauen Sie sich bei möglichen Kunden um, wessen Produkte dort im Regal stehen.

Überlegen Sie sich, nach welchen Kriterien Sie Ihre Wettbewerber einteilen können. Denkbar sind Produktqualität, Preisgefüge, Unternehmensgröße, Positionierung, Vertriebskanäle, Unternehmenskommunikation und – sofern möglich – Profitabilität. In der Praxis können Sie sich die Produkte Ihrer Wettbewerber anschauen und kritisch prüfen. Häufige Qualitätsmängel sind z. B. eine unattraktive Aufmachung oder eine leicht klebrige Haptik.

WELCHE WETTBEWERBER TAUGEN ALS VORBILDER?

Sicher werden Sie bei Ihrer Analyse auf Imkerkollegen treffen, von denen Sie sich sagen: „Oh, der macht das aber gut.“ Versuchen Sie von ihnen zu lernen, ohne sie zu kopieren. In der Betriebswirtschaftslehre wird dazu die Methode des „Benchmarkings“ benutzt. Sie besteht darin, durch den Vergleich von Prozessen Schwachstellen im eigenen Betrieb zu identifizieren und Best-practice-Beispiele zu analysieren und für die eigenen Bedürfnisse anzupassen.

Imker vergleichen besonders häufig die Betriebsweise. Indes lässt sich auch viel beim Verkauf oder der Honigproduktion lernen. Ein häufiger Fehler ist, dass mit irgendwelchen abgeschauten Methoden experimentiert wird, ohne zu überprüfen, ob sie auch im eigenen Betrieb funktionieren.

Wenn Sie z. B. Honige mit einem Wassergehalt zwischen 17,5 % und 18 % verarbeiten, erzielen Sie sehr cremige und weiche Honige, die von Kunden gern gekauft werden. Erfahrungsgemäß beginnen jedoch viele Frühtrachthonige bei diesen Wassergehalten zu gären. Darum ist eine Betriebsweise nötig, die keine Hefezellen in den Honig gelangen lässt. Das erreichen Sie, indem Sie die Honigräume im Sommer gründlich auslecken lassen, sodass keine Honigreste in den Waben sauer werden und die Frühtrachthonige belasten.

An diesem Beispiel sehen Sie, dass es bei der Erzeugung cremiger und weicher Honige nicht ausreicht, nur auf das Rühren und den Wassergehalt zu achten. Das Ziel greift tief in die Betriebsweise ein.

Hongigsorten mit hohem Wassergehalt sind cremig, können aber zu gären beginnen.

WELCHE PREISE VERLANGEN IHRE WETTBEWERBER?

Spätestens jetzt ist es sinnvoll, jeden einzelnen direkten Wettbewerber mit einem eigenen Dossier zu überprüfen. Versuchen Sie zu ergründen, warum die Wettbewerber ihre Preise in ihrer Höhe festsetzen. Prüfen Sie weiter, ob Sie mithalten können. Größere Wettbewerber bieten oft günstiger an, weil sie ihre Maschinen besser ausnutzen können und mehr Erfahrung im Umgang mit den empfindlichen Tieren haben. Neue Anbieter versuchen oft über einen niedrigen Preis in den Markt zu kommen, was Sie unbedingt vermeiden sollten, denn als Gründer sind Sie auf jeden Euro angewiesen.

WIE POSITIONIEREN SICH IHRE WETTBEWERBER?

Den Produkten Ihrer Mitbewerber sehen Sie schon auf den ersten Blick an, wie sie sich positionieren. Voraussetzung ist, dass sie ein professionelles Design für ihre Verpackung verwenden. Ist das nicht der Fall, dann handelt es sich in der Regel um Hobbyimker oder Dilettanten, die keine Wettbe-

Die Gläser sollten ansprechend etikettiert und sauber sein.

werber für Sie sind. Das bekannte Einheitsglas des Deutschen Imkerbundes spricht z. B. die Verbraucher an, die für ihre Familien ein hochwertiges, deutsches Produkt aus konventioneller Erzeugung kaufen möchten.

Schauen Sie sich auch auf den Internetseiten Ihrer Wettbewerber um. Wie wird über die Produkte gesprochen? Was hebt der Honigproduzent besonders hervor? Auf diese Weise können Sie zuverlässig einschätzen, wie sich Ihr Wettbewerber positioniert.

WIE PROFITABEL SIND IHRE WETTBEWERBER?

Um eine Antwort auf diese Frage zu finden, schauen viele Imker zuerst auf die Völkerzahlen. Genau deshalb machen auch viele Imker ein Geheimnis daraus, wie viele Einheiten sie bewirtschaften. Dabei sagt die Zahl der betreuten Völker gar nichts über die Profitabilität einer Imkerei aus. Eine profitabel arbeitende Imkerei kann mit weniger als 70 Völkern eine Familie ernähren. Eine solche Imkerei wird vielleicht aufgrund der Pauschalversteuerung in steuerlicher Hinsicht günstig produzieren.

Wird der Honig in kleine Gläser abgefüllt und direkt vermarktet, und werden weitere Einkommen, z. B. aus der Vermietung von Zimmern („Urlaub beim Imker“), mit der Imkerei kombiniert, dann funktioniert ein solches Geschäftsmodell auch mit wenigen Bienenvölkern.

Es lohnt sich also genau hinzuhören, wenn Imker, mit denen Sie im Wettbewerb stehen, von ihrem Betrieb berichten. Denken Sie dabei auch immer daran, dass unbezahlte mithelfende Familienangehörige, moderne Maschinen und eine klare Positionierung am Markt der Ertragskraft einer Imkerei zugute kommen.

WAS SIND DIE SCHWÄCHEN IHRER WETTBEWERBER?

Untersuchen Sie auch die Schwächen Ihrer Wettbewerber. Es geht dabei nicht darum, sie schlechtzureden. Dieser Teil der Wettbewerbsanalyse hilft Ihnen dabei, sich selbst zu positionieren, indem Sie das, was Ihr Wettbewerb schlecht kann, besser machen. Vielleicht können Sie andere Verpackungsgrößen oder mehr Sorten anbieten. Vielleicht können Sie auch zuverlässiger liefern, oder Ihre Etiketten sind nicht so schief aufgeklebt wie die des Wettbewerbers.

So war's bei mir

„Ein Wettbewerber, der seine Imkerei nur wenige Kilometer von meiner entfernt betrieb, belieferte seine Kunden mit einem einwandfreien und ansprechend etikettierten Honig. Nur beachtete er nicht, dass seine Abfüllmaschine kleckerte. Das heißt, die Honiggläser waren außen immer etwas klebrig. Es war nicht schwierig, diesen Punkt besser zu machen und Einzelhändler mit sauberen Honiggläsern zu beliefern.“

Informationen über Wettbewerber

Zunächst sagt schon das Produkt ihres Wettbewerbers viel über seine Imkerei aus. Doch viele Informationen können Sie nur sammeln, wenn Sie möglichst viele Quellen anzapfen. Hier finden Sie einige:

- Nutzen Sie persönliche Gespräche mit Ihrem Wettbewerber, z. B. bei Branchentreffen oder im Imkerverein.
- Studieren Sie seinen Auftritt in der Öffentlichkeit. Wie präsentiert sich der Wettbewerber im Internet oder auf dem Wochenmarkt? Welche Werbemittel nutzt er?
- Gibt es Beiträge über ihn in der imkerlichen Fachpresse?
- Schreibt Ihr Wettbewerber einen Newsletter oder einen Blog?
- Was berichten Imkerkollegen, Kunden oder Lieferanten über den Wettbewerber?
- Gibt es Berichte in der Lokalzeitung?
- Hat Ihr Wettbewerber Auszeichnungen erhalten, z. B. bei einem Honigwettbewerb?

Wenn Sie zusätzlich „Urlaub beim Imker“ anbieten, funktioniert Ihr Geschäftsmodell vielleicht auch mit wenigen Völkern.

Wie wird Ihre Imkerei einzigartig?

Sie haben Ihr Angebot, den Markt, Ihre Zielgruppe und Ihren Wettbewerb beschrieben. In diesem Abschnitt Ihres Geschäftsplans positionieren Sie sich. Sie zeigen, wie sich Ihr Angebot von den Waren und Leistungen Ihrer Imkerkollegen absetzt. Sie formulieren Antworten auf Fragen, die Ihnen im Geschäftsleben häufig gestellt werden: Warum soll ich Ihren Honig kaufen? Was ist denn an Ihren Produkten anders als an denen Ihrer Kollegen?

Es geht also nicht darum, irgendwie Imkereiprodukte zu verkaufen, sondern um den Nutzen für verschiedene Kundengruppen. Dabei haben Wiederverkäufer andere Interessen als Verbraucher. Lebensmitteleinzelhändler interessiert z. B. die Lieferfähigkeit. Auch scheinbare Nebensächlichkeiten sind für diese Kundengruppe wichtig: Wenn Sie z. B. kleine, gut stapelbare Gläser liefern können, weil Ihre Deckel eine Rille haben, in die der Boden des

Auch als Stadtimker heben Sie sich von vielen anderen Imkern ab.

daraufgestellten Glases passt, dann sind Sie im Vorteil gegenüber einem Imkerkollegen, bei dem gestapelte Gläser immer herunterzurutschen drohen. Bei vielen Verbrauchern geht es um ihre Vorstellung von Qualität, um Preise, neue Honigkreationen oder sogar um Dinge wie Exklusivität und Prestige.

WELCHE KUNDENWÜNSCHE KÖNNEN SIE ERFÜLLEN?

Die Verkaufspsychologie hat Schlüsselmotive herausgearbeitet, warum Kunden Produkte überhaupt kaufen und nicht links liegen lassen. Wenn Sie diese Schlüsselmotive kennen, dann hilft Ihnen das enorm beim Verkauf. Sie liefern dem Kunden genau die Argumente, die er hören möchte, damit er zu Ihrem Angebot greift (siehe Tabelle auf Seite 40).

WELCHES ALLEINSTELLUNGSMERKMAL WOLLEN SIE HERVORHEBEN?

Aus der Vielzahl möglicher Kundenwünsche empfiehlt es sich, einen auszusuchen, der Ihren Neigungen und Interessen am besten entspricht. Denn nur, was Sie gern machen und gut können, hebt Sie von anderen Imkereien ab, die ihrerseits wieder eine besondere Fähigkeit oder ein besonderes Alleinstellungsmerkmal entwickelt haben. So entstehen Nischen, aus denen Sie – wenn Sie diese gut ausfüllen – auch niemand mehr so leicht verdrängen kann.

Nur Imker, die kein Alleinstellungsmerkmal finden und von sich sagen, sie hätten „eine ganz normale Imkerei", sind ständig davon bedroht, dass Ihnen Kollegen Kunden und Marktanteile streitig machen. Daher ist eine Positionierung so wichtig. Denken Sie beim Alleinstellungsmerkmal nicht nur an Kundenwünsche, sondern auch an Eigenschaften, die Sie als Imker auszeichnen. Sie können z. B. über besonderes Wissen oder Können verfügen. Sie können Erfahrungen haben („Bienenflüsterer" sein) oder besonders verlässlich sein.

Albrecht Pausch (61), Marketing-Manager

„Wir dürfen in unser Familie Spirituosen herstellen. Wir haben dieses Recht mit unserer Imkerei verknüpft und brennen aus selbst erzeugten Honigweinen verschiedene Schnäpse. Spitzendestillate aus Sortenhonigen, z. B. aus Lindenhonig, das bieten nur ganz, ganz wenige an."

WIE VERBESSERT SICH DIE LEISTUNG DER IMKERSCHAFT DURCH IHR ANGEBOT?

Diese Frage hilft Ihnen dabei, sich als Teil einer ganzen Branche zu sehen. Sehen Sie Ihre Wettbewerber nicht als Feinde an, sondern als Branchenkollegen, die mit Ihnen zusammen an der Versorgung der Verbraucher mit Imkereiprodukten arbeiten. Diese Branche arbeitet arbeitsteilig, d. h. Sie und

Alleinstellungsmerkmale

Alleinstellungsmerkmal – das klingt zunächst einmal so, als werde von Ihnen gefordert, dass Sie etwas noch nie Dagewesenes abliefern müssen. Doch dabei geht es nur darum, etwas besser als die Wettbewerber zu sein – also z. B. etwas mehr Vielfalt, eine genauere Herkunftsbezeichnung oder auch nur eine für Ihre Zielgruppe passendere Gebindegröße anzubieten.

ERFÜLLUNG VON KUNDENWÜNSCHEN

Schlüsselmotiv für Wiederverkäufer	So formulieren Sie Ihren Geschäftsplan
Geld verdienen	Mit Honig aus meiner Imkerei können Wiederverkäufer einen sicheren Aufschlag von 30 % bis 100 % erzielen.
Kosten reduzieren	Wie beliefern unsere Kunden im Rahmen unserer wöchentlichen Liefertouren. Damit spart der Kunde Müllgebühren für Verpackungen und Lagerkosten.
Zeit gewinnen	Ich liefere alle Sorten, die Verbraucher wünschen. Damit ersparen wir unseren Kunden die mühsame Suche nach Spezialitäten.
Risiken vermeiden	Ich nehme schlecht verkäuflichen Honig gegen Kostenerstattung zurück. Außerdem sorge ich für konstante Lieferfähigkeit. So hat der Wiederverkäufer stets attraktive, verkaufsfähige Ware vorrätig.
Sicherheit erlangen	Meine Honigsorten entsprechen alle den strengen Richtlinien des Deutschen Imkerbunds. Sie werden regelmäßig kontrolliert und analysiert, sodass sichergestellt ist: Was auf dem Etikett steht, befindet sich auch im Glas.
Gesundheit erhalten	Mein Frühjahrshonig wurde genau dort erzeugt, wo viele Verbraucher wohnen. Sie suchen oft ein Produkt, mit dem sie sich gegen Heuschnupfen im Frühsommer schützen können.
Prestige gewinnen	Die seltenen Sorten sind mit einem goldenen Deep-Deckel verpackt. Das Etikett ist im Siebdruck hergestellt und wirkt dadurch sehr edel.
Spaß haben	Unseren Honig gibt es auch in Verpackungen in der Form eines Teddybären. Das sieht fröhlich aus und macht besonders Kindern Spaß.
Unsterblich werden	Unsterblich macht Honig zwar nicht. Er ist aber wichtiger Bestandteil einer gesunden Ernährung. Sie bekommen von uns Flyer, die die Gesundheitswirkungen von Honig darstellen.
Harmonie steigern	Ich habe einen Sonntagshonig im Programm. Er ist das ideale Produkt fürs gemeinsame Familienfrühstück am Sonntag.
Geliebt werden	Vor Weihnachten liefern wir fertige Geschenksets, denn Honig ist ein beliebtes Geschenk. Wer Honig schenkt, zeigt damit, ihm an dem Beschenkten etwas liegt.
Entspannen können	Die Zusammenarbeit mit unseren Kunden ist ganz entspannt. Wir füllen selbstständig einmal im Monat die Regale unserer Wiederverkäufer auf und stellen die Differenz zum Vormonat in Rechnung.
Genuss erzielen	Zu unseren Honigen gibt es Rezeptkarten mit Ideen, wie Honig noch mehr Genuss als nur als Brotaufstrich bieten kann.
Stärke zeigen	Wer bei uns den Honig für sein Geschäft kauft, profitiert durch das von mir verwendete Einheitsglas des Deutschen Imkerbunds von der Stärke einer eingeführte Marke mit einem sehr hohen Bekanntheitsgrad bei den Verbrauchern.
Neugierde befriedigen	Ich lade meine Geschäftskunden einmal jährlich zu einer Hausmesse ein, bei der sie sich informieren können, wie der Honig von der Wabe ins Glas und dann in das Geschäft kommt.
Karriere machen	Wir sind eine Imkerei auf Wachstumskurs. Wir produzieren jedes Jahr mehr Honig. Expansionsorientierte Händler können daher bei Ihrer Expansion mit uns als starkem Partner rechnen.
Unterstützung erhalten	Wir liefern Displays, die unseren Honig gut zur Geltung bringen. Außerdem haben wir Infoblätter zu jedem unserer Produkte. Sie werden dort beschrieben und es gibt Hinweise für den Verkauf.
Attraktiv sein	Mein Honigprogramm ist vielfältiger als das anderer Imkereien. Händler, die von mir Honig kaufen, haben daher das attraktivere Honigsortiment.

Ihre Berufskollegen decken jeder für sich mehr oder weniger kleine Stücke des Markts für Imkereiprodukte und -leistungen ab. Überlegen Sie sich, an welcher Stelle Sie sich mit Ihrem Betrieb sehen und wie Sie mit ihm das Leistungsspektrum der hiesigen Imkereien abrunden.

FASSEN SIE DIE LEISTUNG IHRER IMKEREI IN WENIGEN SÄTZEN ZUSAMMEN!

Fassen Sie Ihre Geschäftsidee schwafelfrei in wenigen Sätzen zusammen. Betriebswirte sprechen von einem „Elevator Pitch" oder „Elevator Statement". Die Idee dahinter ist die Vorstellung, dass Sie während einer Fahrt im Aufzug einen möglichen Investor treffen, den Sie zwischen Ein- und Ausstieg für Ihre Geschäftsidee so interessieren möchten, dass er zu Ihnen sagt: „Das hört sich ja interessant an. Lassen Sie uns darüber noch einmal in Ruhe sprechen. Hier ist meine Karte. Rufen Sie mich an." Insofern fassen Sie mit dem Satz die Quintessenz Ihrer Gründungsidee zusammen.

Das könnte zum Beispiel so aussehen: „Meine Imkerei hat sich auf die Produktion seltener Sortenhonige, zum Beispiel Fenchel- und Götterbaumhonig, spezialisiert. Daneben habe ich natürlich auch die beliebtesten Honigsorten im Programm. Meine Kunden sind vor allem Feinkostgeschäfte und Bioläden. Bei mir gibt es keine Mindestbestellmenge. Wir liefern einmal wöchentlich ab dem ersten Glas."

Betrachten Sie sich als Teil der gesamten Imkerschaft!

Wie vertreiben Sie Ihre Produkte?

Im nächsten Abschnitt Ihres Geschäftsplans beschäftigen Sie sich mit Ihrer Vertriebsstrategie, also damit, wie zuerst die Informationen über Ihre Honigprodukte und dann diese selbst zu Ihrer Zielgruppe und damit zu den Kunden kommen. Die meisten Imker vertreiben ihre Produkte entweder direkt, indem sie z. B. einen Marktstand beschicken (Direktvertrieb), oder sie verkaufen sie an Einzelhändler (indirekter Vertrieb), die sie dann an Verbraucher verkaufen. Sie können auch die Dienste von Vermittlern in Anspruch nehmen.

Wenn Sie mit ihrer Erwerbsimkerei starten, werden Sie zunächst viel Energie für die Gewinnung von Kunden verwenden müssen. Ihr Angebot muss bekannt werden. Sind Sie dagegen erst einmal etabliert, werden Sie mit dem Abarbeiten eingehender Aufträge beschäftigt sein. Dann können Sie die Kommunikation auf ein Maß reduzieren, das die Auslastung Ihrer Imkerei sicherstellt. Die folgenden Fragen helfen Ihnen dabei, die für Sie passende Vertriebsstrategie zu finden.

WELCHE VERTRIEBSKANÄLE SIND SINNVOLL?

Als Anbieter ist es für Sie wichtig, dass Sie dort Ihre Produkte anbieten, wo sich Ihre Zielgruppe befindet. Ältere Verbraucher auf der Suche nach hochwertigen Lebensmitteln finden sie in der Woche auf dem Wochenmarkt. Berufstätige erreichen Sie dort am besten am Wochenende. Daran erkennen Sie schon, dass Sie durch ein und denselben Vertriebskanal zu verschiedenen Zeiten verschiedene Zielgruppen erreichen. Wiederverkäufer erreichen Sie am besten, indem Sie sie in Ihren Geschäften aufsuchen. Handelt es sich um Geschäfte mit mehreren Filialen, dann melden Sie sich entweder beim zentralen Einkauf an oder Sie besuchen eine Lebensmittelmesse und unterbreiten dort Ihr Angebot.

MÖCHTEN SIE DIREKT VERTREIBEN?

Direktvertrieb ist der Oberbegriff für alle Vertriebsformen, bei denen es zu einem direkten Verkauf vom Anbieter an den Verbraucher kommt. Dazu gehören der Verkauf durch einen Hofladen mittels eines Marktstands oder eines Online-Shops. Auch Verbrauchermessen und der Verkauf über einen Katalog fallen in diese Kategorie. Der Vorteil ist der direkte Kundenkontakt.

Wer diese Vertriebsform wählt, bekommt ein ungefiltertes Feedback von den Honigessern. Das gilt sowohl für Lob als auch für Kritik. Mitunter sind zwar reichlich skurrile Begegnungen darunter, doch insgesamt ist der Kontakt zwischen Erzeugern und Verbrauchern nirgendwo besser als beim Direktvertrieb.

Außerdem wissen Sie genau, was Sie verkaufen. Sie können also Honig aussortieren, den Sie nicht gern verkaufen möchten, weil er sich z. B. abgesetzt hat. Der Kunde bekommt ihn gar nicht erst zu sehen. Während ein Einzelhändler noch oft Produkte des Wettbewerbs im Angebot hat, bestimmen Sie beim Direktverkauf, was Sie verkaufen.

Beim **indirekten Vertrieb** geht Ihre Ware durch mindestens drei bis vier Hände, nämlich von Ihnen als Hersteller zur Aufkaufstelle, zum Großhändler und schließlich zum Einzelhändler. Der Vorteil dieser Methode ist eine große Verteilung Ihrer Ware. Die Vertriebskosten sind gering, weil Sie im genannten Beispiel Ihre Erzeugnisse einfach in Hobbocks abliefern und

Ihr Geld bekommen. Sie brauchen sich um nichts zu kümmern – kein Honigrühren, kein Etikettieren und kein Verkauf Glas für Glas. Da die Abfüllstelle oder der Großhändler alles Weitere übernehmen, können Sie sich ganz auf die Produktion konzentrieren.

WIE WOLLEN SIE IHRE IMKEREI PRÄSENTIEREN?

Es gibt eine große Vielfalt verschiedenster Werbemittel. Denken Sie besonders über die folgenden nach:

- Betreiben Sie Kaltakquise, indem Sie potenzielle Kunden persönlich ansprechen und mit ihnen Verkostungstermine vereinbaren.
- Erstellen Sie eine ansprechende Homepage, die sie aktuell halten.
- Nutzen Sie soziale Medien und seien Sie im Internet mit Ihrem Angebot präsent.
- Bieten Sie Betriebsrundgänge an.
- Verteilen Sie Proben von anderen Honigen, wenn Kunden bei Ihnen einkaufen.
- Nutzen Sie professionell erstellte und einheitlich gestaltete Geschäftspapiere, wie Rechnungsformulare, Visitenkarten usw.
- Beschriften Sie Ihre betrieblich genutzten Fahrzeuge.
- Verschicken Sie regelmäßig aktuelle Pressemeldungen.
- Gestalten Sie ein attraktives Schaufenster oder einen Schaukasten.

Wenn Sie Ihren Honig auf dem Markt vertreiben, bekommen Sie ein direktes Feedback von Ihren Kunden.

WIE TRETEN SIE MIT IHREN KUNDEN IN PERSÖNLICHEN KONTAKT?

Denken Sie über die folgenden Möglichkeiten nach. Nutzen Sie die Marketing-Fachliteratur und die Erfahrung von Werbefachleuten, um professionell aufzutreten:

- Versenden Sie Werbebriefe, in denen Sie sich und Ihre Produkte vorstellen.
- Werben Sie in lokalen Medien, wie etwa Anzeigenblättern oder kostenfreien Einträgen in Branchenverzeichnissen.
- Erstellen Sie eine Referenzliste mit Kunden, die Sie schon beliefern.
- Stellen Sie Probiersets zusammen.
- Bieten Sie Gratisverkostungen und andere Dienstleistungen an, um auf Ihr Sortiment aufmerksam zu machen.
- Befragen Sie potenzielle Kunden, was sie sich von einer Imkerei an Produkten wünschen.
- Nutzen Sie die Leistungen eines Handelsvertreters.

Professionelle Logos

Selbst gestaltete Logos sind der Stolz vieler Gründer. Doch gerade bei diesem wichtigsten Element Ihrer öffentlichen Darstellung empfiehlt es sich, die Dienste eines Grafikdesigners in Anspruch zu nehmen. Er kennt die Wirkung von Farben, weiß um die ideale Schriftgröße und hilft Ihnen bei der Entwicklung eines aussagekräftigen Logos. Wenn Sie erst einmal Logo und Slogan haben, können Sie an die Gestaltung Ihrer Homepage und Ihrer Geschäftspapiere gehen. Hier gibt es inzwischen gute Baukästen, die Ihnen zu einem professionell anmutenden Auftritt verhelfen.

Präsentieren Sie sich mit Ihrem Logo und weisen Sie auf Alleinstellungsmerkmale hin.

GESTALTEN SIE IHREN MARKTEINTRITT!

Alle Imker, die ihren Betrieb in Richtung Erwerbsorientierung umstellen, verfügen schon über bestehende Kontakte, die Sie ausbauen können. Denken Sie über einen Tag der offenen Tür nach, um Ihre Imkerei bekannter zu machen.

WIE SIEHT IHR ZEITPLAN AUS?

Damit Ihr Markteintritt gelingt, benötigen Sie einen realistischen Zeitplan. Wichtig ist der Zeitpunkt, an dem Sie die Türen und Fenster Ihrer Imkerei aufschlagen und sagen: „Hier bin ich!" Wählen Sie keinen Termin, an dem Sie mit der Nachzucht oder Wanderung beschäftigt sind. Bewährt hat sich die Zeit unmittelbar nach den Sommerferien oder in der Vorweihnachtszeit.

Legen Sie einen Eröffnungstermin fest und überlegen Sie sich, wie lang Sie für welche Vorbereitungen brauchen. Rechnen Sie dann rückwärts. Am besten arbeiten Sie mit Meilensteinen und einem Projektplan, wie er aus dem Projektmanagement bekannt ist.

Planen Sie die Zukunft Ihrer Imkerei!

Wir nähern uns dem Ende des Textteils Ihres Business-Plans. In diesem Abschnitt planen Sie, wie es nach der Gründung weitergehen soll. Überlegen Sie sich, welche Risiken in der Branche drohen könnten und wie Sie damit umgehen wollen. Seien Sie realistisch. Entgehen Sie der Versuchung einer Milchmädchenrechnung und entwerfen Sie ein realistisches Bild von der Entwicklung Ihrer Erwerbsimkerei. Dazu gehört auch, dass Sie abschätzen, wie lang Sie in der von Ihnen geplanten Imkerei arbeiten können. Das betrifft sowohl Ihre körperliche Konstitution als auch zunehmende Völkerzahlen mit immer mehr zu schleudernden Waben und zu lagerndem Honig. Das alles bedeutet einen höheren Platzbedarf und mehr Mitarbeiter. Entwerfen Sie abschließend in wenigen Sätzen eine langfristige Vision Ihres Unternehmens.

WODURCH ENTWICKELT SICH IHRE IMKEREI BESSER ALS ERHOFFT?

Imkerei ist auf ihrer Produktionsseite eine sehr volatile Branche. Das heißt, Sie können zwar mit einem Durchschnittsertrag kalkulieren, doch zwischen den Jahren kann es ganz erhebliche Schwankungen geben. Das hängt damit zusammen, dass für einen hohen Ertrag viele Faktoren zusammenwirken müssen. Diese reichen von der Begattungsqualität der Königinnen im Vorjahr bis zur Witterung während der Haupttrachten. Stimmt alles, kann sich die Honigernte verdoppeln.

WAS KÖNNTE DAS WACHSTUM IHRES BETRIEBS BREMSEN?

Die oben genannten Faktoren können auch das Wachstum des Betriebs bremsen. Hinzu

Parasiten wie die Varroa-Milbe können zu Ausfällen in Ihrer Produktion führen.

kommen persönliche Schicksalschläge wie z. B. eine Erkrankung während der Saison. Die Bienen können zwar sich selbst überlassen werden, doch was ist danach noch von ihnen übrig, wenn Sie wieder auf dem Damm sind?

Nutzen Sie für die Darstellung der Chancen und der Risiken eine SWOT-Analyse. Das steht für **S**trenghts (Stärken), **W**eaknesses (Schwächen), **O**pportunities (Chancen) und **T**hreats (Risiken). Mit diesem bewährten Management-Werkzeug können Sie die Stärken und die Schwächen, die Sie für die Gründung Ihrer Imkerei mitbringen, ebenso darstellen wie die Chancen und die Risiken, die Sie kaum oder gar nicht beeinflussen können.

Zu den Schwächen und den Stärken gehören in den meisten Fällen diese Faktoren:

- Finanzielle Ausstattung (Rücklagen, Liquidität, in der Imkerei gebundenes Kapital);
- Personal (betrifft Sie selbst und Ihre Mitarbeiter: Organisationstalent, Ausbildungsniveau, Reservoir an Aushilfen, Motivation, Kosten, Arbeitsgeschwindigkeit);

- Produkte (Qualität, vorhandene Menge, Neuigkeitswert, Seltenheit, Preis-Leistungs-Verhältnis);
- Service (Umfang der Dienstleistungen, Liefergeschwindigkeit, Bereitschaft, ungewöhnliche Wünsche zu erfüllen);
- Marketing (Bekanntheit und Ruf in der Zielgruppe, Auskunftsfreudigkeit, Aufgeschlossenheit gegenüber alten und neuen Medien).

Bei den Chancen und Risiken geht es um die Veränderungen, die von außen auf Ihre Imkerei einwirken. Sie können die im Geschäftsplan beschriebenen Entwicklungen fördern oder bremsen.

Imkermeister Ralf Bertram, Althaldensleben

„Von 180 Wirtschaftsvölkern im April 2016 habe ich bis zum Juli 2016 den Umfang auf 420 Einheiten vergrößert. Geblieben sind mir nach dem Winter 2016/17 60 Völker. Davon gehen immer noch einige ein. Jetzt kann man sagen, dass bei dieser Vermehrungsrate ja Völker sterben müssen. Im Jahr 2015 habe ich aus acht Miniplus-Einheiten 176 Einheiten gemacht. Alle haben bis auf drei (Futterprobleme) den Winter 2015/2016 überstanden. Allein in meinem Verein mit 95 Mitgliedern liegt der Völkerverlust bei über 80 %. Bei vielen Berufsimkern sieht es ähnlich aus. Berufsimker im Ruhrgebiet mit 300 bis 600 Völkern haben zum Teil vollständige Verluste zu beklagen.“

Falls Sie Ihre ganze Energie und Ihr ganzes Kapital in Ihre Imkerei stecken möchten, sollten Sie diese alte Imkerregel beherzigen: Ein Imker sollte eine Ernte im Lager, eine Ernte im Kasten und eine Ernte auf dem Konto haben. Das heißt, dass das Honiglager stets gut gefüllt sein sollte, falls einzelne Trachten oder sogar die Haupttracht ausfallen. Dann ist immer noch genug Ware da, um durch einen stetigen Verkauf liquide zu bleiben. Außerdem sollten stets genug Völker vorhanden sein, um mit ihnen eine Ernte einbringen zu können. Diese Völkerzahl muss gehalten werden, unabhängig davon, wie die vergangene Ernte war. Es empfiehlt sich, auch stets genug Völker einzuwintern, damit auch Winter mit hohen Bienenverlusten nicht die eigene Existenz bedrohen. Schließlich sollten genug finanzielle Rücklagen vorhanden sein, um die laufenden Rechnungen bezahlen und ggf. Honig und/oder Völker zukaufen zu können.

WELCHE GESCHÄFTSFELDER ERGÄNZEN IHRE IMKEREI?

Die klassische Imkerei produziert vor allem Honig. Das ist das Hauptgeschäftsfeld. Daneben erschließen sich viele Erwerbsimker zusätzliche Geschäftsfelder rund um ihren Betrieb. Vieles ergibt sich, weil Landwirte, Hobbyimker oder Kunden fragen, ob nicht dies oder jenes vom Imker geleistet werden könnte. Klassisch ist die Bestäubung von Obstkulturen gegen eine Bestäubungsprämie oder die Umarbeitung von Alt- und Entdeckelungswachs zu Mittelwänden. Auch mancher Imkereifachhandel ist aus einer Erwerbsimkerei hervorgegangen.

Wer außerdem regelmäßigen Kundenkontakt hat, wird immer wieder mit neuen Ideen und Ansprüchen konfrontiert werden, die zu neuen Produkten führen können. Beachten Sie, dass für neue Geschäftsfelder, wie etwa für die Herstellung und den Vertrieb von Gebäck oder Kosmetikprodukten, andere rechtliche Voraussetzungen gelten als für Honig. Das betrifft unter anderem die Steuer, die Hygiene oder die für die Ausübung eines Gewerbes nötige Ausbildung.

WELCHE EINKOMMENS-KOMBINATIONEN BIETEN SICH AN?

Aufgrund der saisonalen Arbeitsspitzen und der insgesamt unsicheren Einkommensverhältnisse wollen viele Imker nicht allein von ihrer Imkerei leben. Dazu sind die unternehmerischen Risiken, wie z. B. Faulbrut oder nicht mehr ausgewinterte Völker, zu groß. Viele Berufsimker verfügen daher über ein zweites Standbein. Überlegen Sie sich also, womit Sie Ihren Lebensunterhalt verdienen wollen, wenn Ihre Bienen Sie im Stich lassen. Gängige Einkommenskombinationen sind z. B.

- ein Einzelhandelsgeschäft mit Imkereibedarf;
- touristische Angebote wie „Urlaub beim Imker“;
- Herstellung und/oder Großhandel von Bienenfutter, Kerzen, Honigprodukten, Bienenkosmetika, Honiglikör und Met;
- Herstellung und Vertrieb von Imkereigeräten „vom Imker für den Imker“;
- im alten Berufen auf Honorarbasis arbeiten.

Hans Rosen (26), Ingenieur

„Meine Frau und ich sind gelernte Ingenieure für Elektrotechnik. Ich arbeitete zuletzt für einen Hersteller von Holzverarbeitungsmaschinen und war sehr, sehr viel auf Geschäftsreise. Als das erste Kind kam, habe ich mich für die Familie entschieden. Ich möchte meine Kinder aufwachsen sehen. Vor dem Studium hatte ich eine Imker-Ausbildung gemacht. Heute lebe ich teilweise von der Imkerei, teilweise von der Beratung für Imker und von der Beschäftigung als regionaler Geschäftsführer für einen landwirtschaftlichen Anbau-Verband.“

Die Bestäubung von Obstbäumen gegen eine Bestäubungsprämie kann die Honigproduktion ergänzen.

Richten Sie Ihre Imkerei ein!

Sobald Ihre Imkerei Ihr Haupterwerb ist, ist sie Ihr Arbeitsplatz. Weil Sie sich – bei aller Liebe zum neuen Beruf – nicht abschinden wollen, muss Ihnen Ihr neuer Arbeitsplatz ein bequemes und effizientes Arbeiten ermöglichen. Außerdem muss Ihre Imkerei den hygienischen und den rechtlichen Normen, wie z. B. der Arbeitsstättenverordnung, entsprechen.

Ob eine Imkerei komplett neu gebaut werden muss oder ob auch ein bestehendes Gebäude seinen Zweck erfüllt, entscheidet nicht über den Erfolg Ihres Projekts. Imker nutzen erfolgreich ehemalige Wohnhäuser ebenso wie Werkstätten von ehemaligen Handwerksbetrieben. Die Blütenmeer-Imkerei GBR in Neustadt/Dosse arbeitet in einer alten Papierfabrik. Im Prinzip sind also viele Gebäudeformen für eine Imkerei nutzbar.

Sebastian Kromer (40), Dipl. Kaufmann (FH) und Anlageberater für Windkraftanlagen

„Wir imkern in einer alten Papierfabrik. Die Fabrik hat mein Geschäftspartner in das Unternehmen eingebracht. Er hatte das Industriedenkmal in Sieversdorf-Hohenofen im Westhavelland (Brandenburg) gekauft, um es vor der Zerstörung zu bewahren. Wir nutzen 400 m² im ehemaligen Lumpenhaus und eine Halle von 200 m². Insgesamt sind 10 000 m² überdachte Fläche vorhanden. Wir haben klein angefangen und sind dann nach und nach in die bestehende Architektur hineingewachsen. Bei einem Neubau hätten wir sicher manches besser machen können. Einige Wege überkreuzen sich. Das Honiglager ist beispielsweise mitten in der genutzten Fabriketage. Wo warmes Wasser und Strom vorhanden sind, ist die Honigverarbeitung, obwohl sie aus hygienischer Sicht nicht optimal in den Eingangsbereich passt. Es gibt noch eine Autowerkstatt auf dem Gelände. Da wir inzwischen einen ganz schönen Fuhrpark haben, ist das sehr praktisch, wenn einmal ein Fahrzeug repariert werden muss.“

In einer ehemaligen Papierfabrik ist heute die Imkerei von Sebastan Kromer zuhause.

Sie benötigen verschiedene Arbeitsbereiche!

In diesem Kapitel lernen Sie die einzelnen Arbeitsbereiche einer Imkerei kennen. In vielen Imkereien gibt es dafür jeweils eigene Räume. Andere Imker wollen räumlich flexibel sein und trennen daher nur grob einen Bereich ab, in dem Honig gewonnen, verarbeitet und abgefüllt wird. Das ist der Hygienebereich. Er ist räumlich getrennt von allen Tätigkeiten, die mit Schmutz verbunden sind. Das sind z. B. die Wachsküche und die Holzwerkstatt.

Alle Arbeits- und Oberflächen müssen leicht zu reinigen und zu desinfizieren sein. Die Fenster müssen bienendicht sein und sollten ggf. mit einem Fliegengitter versehen werden. Außerdem sollte es Öffnungen geben, aus denen Bienen, die sich im Gebäudeinneren befinden, in die Freiheit entlassen werden können.

Denken Sie bei der Planung Ihrer Imkerei in Prozessen! Besonders bei Bauwerken mit einer früheren Nutzung gilt: Sie wurden nicht für eine Imkerei gebaut. Jetzt muss die Abfolge der Räume so organisiert werden, dass ein kontinuierlicher Arbeitsfluss möglich ist. Am besten stellen Sie sich die Imkerei als eine Maschine vor, bei der auf der einen Seite die Rohmaterialen zugeführt werden und hinten das fertige Produkt herauskommt. Das Ganze muss fließend funktionieren, d. h. ohne nennenswertes Zwischenlager.

Denken Sie z. B. an die Herstellung von Rähmchen mit eingelöteten Mittelwänden: In der Holzwerkstatt werden die Rähmchen geleimt, genagelt, geöst und gedrahtet. In der Wachsküche wird gleichzeitig Wachs geschmolzen, abgekühlt, gereinigt, erneut geschmolzen und zu Mittelwänden gegossen. Dann gibt es einen Punkt, an dem beides zusammentrifft. Die Mittelwände werden eingelötet. Die Rähmchen werden in Zargen eingesetzt, die aus der Imkerei weggtransportiert und bis zum Frühjahr gelagert werden. Einen funktionierenden Prozess haben Sie, wenn Sie noch Wachs schmelzen können, während die fertigen Rähmchen mit Mittelwand ihre Imkerei verlassen. Das alles sollte ohne große Transportwege oder Zwischenlager funktionieren. Je seltener Sie eine Mittelwand oder ein Rähmchen in die Hand nehmen müssen, desto effizienter arbeiten Sie. Das ist das Ideal, an dem Sie sich bei der Planung Ihrer Imkerei orientieren sollten.

In Erwerbsimkereien finden Sie entlang der Produktionskette die im Folgenden beschriebenen Räume oder Arbeitsbereiche.

ANLIEFERUNGSZONE

Die Imkerei hat sich in den letzten 50 bis 100 Jahren gründlich verändert. In früheren Zeiten lebten viele Bienenvölker in eigens für sie errichteten Bienenhäusern. Andererseits schleuderten Imker den Honig in bienendichten Zelten oder in zu Bienenhäusern umgebauten Bauwagen direkt am Feldrand. Heute wohnen die Bienen im Freiland. Das Schleudern ist dort nicht mehr erlaubt. Es muss in der Imkerei geschehen.

Daher braucht eine Imkerei eine Anlieferzone, die mit dem LKW angefahren werden kann. Selbst wenn Sie nur einen Transporter benutzen, werden doch Gläser, Futter und Maschinen per Spedition und LKW geliefert. Wenn Sie die Waren auf Paletten annehmen, dann muss die Anlieferungszone auch mit

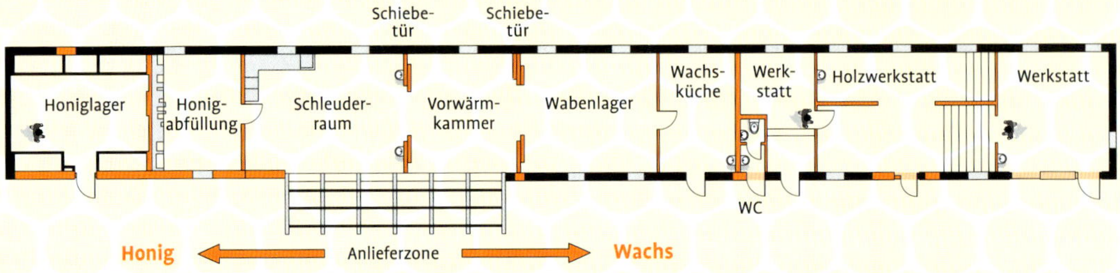

Funktionsbereiche
- Schleuse
- Honig-Schleuderraum
- Honig-Aufbewahrung, Abfüllung und Ettikettierung
- Honig-Lager (gekühlt)
- Waben-Lager (gekühlt)
- Wachs-Gewinnung
- Werkstatträume
- WC

Wesentliche Änderungen nach Umbau 2005
- Grundriss nach modernen technologischen Gesichtspunkten
- Klimatisierung zur Erhöhung der Produktqualität
- Verbesserung der hygienischen Bedingungen
- Verringerung der körperlichen Belastung
- „gläserne Produktion“

Plan der Imkerei am Länderinstitut für Bienenkunde (LIB) in Hohen Neuendorf.

einem Hubwagen oder einem Gabelstapler befahrbar sein. Dann werden die Paletten ins Gebäude gebracht und weitertransportiert. Das alles muss geschehen, ohne dass Schwellen oder Stufen im Weg sind.

Bewährt haben sich kleinere Abstellflächen in der Nähe der Anlieferungszone. Dort werden Material und Geräte zwischengelagert, damit sie bei einer der nächsten Fahrten zu den Bienen mitgenommen werden können. Viele Imker stellen dort eine Kiste mit Werkzeug, Smokermaterial und Schutzkleidung ab, die sie immer dann einladen, wenn Sie ihre Bienenstände abfahren. Wenn Sie Ware ausliefern, bleibt die Kiste in der Imkerei.

Geeignete Gebäude

Besteht auf Ihrem Gelände die Möglichkeit, so empfiehlt sich der Bau oder die Umnutzung eines ebenerdigen Gebäudes. Es sollte so großzügig geschnitten sein, dass es mit einem Gabelstapler befahren werden kann. Je weniger Säulen und Stützen das Bauwerk hat, desto besser. Eine Geschosshöhe von 3,50 m bis 4,50 m ermöglicht Ihnen eine platzsparende Lagerung von Zargen und Honiggefäßen.

TROCKENRAUM

Honigräume können in einer Erwerbsimkerei oft nicht sofort weiterverarbeitet werden, weil z. B. zunächst die Wanderung in die nächste Tracht Priorität hat. Der sich in offenen Honigwaben befindende Honig nimmt währenddessen Feuchtigkeit aus der Luft auf. Dadurch erhöht sich der Wassergehalt des Honigs.

Um diese Qualitätsminderung zu verhindern, richten Sie sich einen Trockenraum ein. Der Raum ist weitgehend gegen die Umgebungsluft abgedichtet und mit einem oder mehreren leistungsfähigen Lufttrocknern ausgestattet. In ihm stapeln Sie die Honigzargen kreuzweise übereinander, sodass an alle Waben trockene Luft gelangen kann.

Stellen Sie die unterste Zarge auf eine Palette oder einige mindestens 20 mm hohe Leisten, damit die trockene Luft in den Zargen zirkulieren kann. Ein Klimagerät aus dem Baumarkt ist dazu zu schwach. Sie müssen den Raum auf mindestens 30 % Luftfeuchtigkeit heruntertrocknen, damit der Honig rasch geschleudert werden kann.

Handelt es sich um einen nicht speziell gegen Feuchtigkeit isolierten Raum, strömt ständig feuchte Luft durch Wände und Decken nach. Sie muss vom Lufttrockner entfernt werden. Viele Imker setzen noch einen Deckenventilator ein, weil sie sich dadurch eine bessere Belüftung der Honigräume erhoffen.

Um den geeigneten Schleuderzeitpunkt zu erkennen, hilft der Blick durch ein geeichtes Refraktometer. Mit einem Trockenraum und dieser Methode können Sie auch Honig vor dem Schleudern nachtrocknen, wenn die Bienen z. B. aufgrund dauerhaft feuchter Witterung ihre Aufgabe nur unzureichend erfüllt haben.

Auch nach der Schleuderung lässt sich noch Wasser entziehen. Dazu dienen Plattentrockner, die bei diesem Vorgang trockene Luft einsetzen. Da aus abgeernteten Honigräumen oft Honig tropft und durch die Belüftung Staub aufgewirbelt wird, muss der Trockenraum leicht mit Wasser zu reinigen sein. Empfehlenswert sind Bodenabläufe in allen Räumen.

SCHLEUDERRAUM

Aus hygienischen Gründen benötigen Sie einen speziell für das Schleudern von Honigwaben eingerichteten Raum. In diesem Teil der Imkerei findet der erste Teil der Honigverarbeitung statt. Honigspritzer und -kleckse lassen sich dabei nicht vermeiden. Darum muss der Raum so gebaut sein, dass er leicht zu reinigen ist.

Die Lebensmittelsicherheit muss gewährleistet sein. Das beginnt bei der Decke des

Legitimer Wasserentzug

Laut Lebensmittelhygieneverordnung dürfen Lebensmittel nicht der Gefahr einer nachteiligen Beeinflussung ausgesetzt werden, z. B. einer Erhöhung des Wassergehalts im Honig durch Luftfeuchtigkeit. Laut Honigverordnung (HonigV) dürfen dem Honig keine honigeigenen Stoffe entzogen werden. Die Anlagen 1 und 2 der HonigV zählen die Bestandteile des Honigs auf. Wasser wird darin nicht erwähnt. Daher wird dem Honig durch Trocknung kein honigeigener Stoff entzogen.

Für Schleuder- und Abfüllräume gelten die gleichen hygienischen Bedingungen.

Raums. Von ihr herab darf nichts in offene Honiggefäße fallen. Sie muss frei von Spinnweben, losen Putzteilen oder abblätternder Farbe sein. Das Gleiche gilt für die Wandflächen. Sie müssen hell, glatt und leicht zu reinigen sein. Fliesen sind keine Vorschrift, eine abwaschbare Wandfarbe erfüllt den gleichen Zweck. Auch die Ecken bzw. Stöße zum Fußboden müssen leicht zu wischen sein, sodass sich kein schwarzer Schimmel bildet. Verdünnter Honig ist der ideale Nährboden für diese besonders gesundheitsschädliche Schimmelart.

Der Fußboden im Schleuderraum muss wasserundurchlässig und gut wischbar sein. Bewährt haben sich Bodenfliesen, doch ein rutschfester und gut zu reinigender Industrieboden erfüllt den gleichen Zweck. Viele Imker reinigen ihre Imkerei nach Abschluss der Honigsaison mit verdünnter, heißer Natronlauge, um die Böden von Wachs- und Propolisresten zu befreien. Ein Abfluss im Boden ist nicht nur bei dieser Art der Reinigung zu empfehlen.

Achten Sie beim Bodenabfluss darauf, dass die Drainage ein Rückschlagventil hat. Manche Imkerei wurde schon unter Wasser gesetzt, weil es bei Starkregen einen Rückstau gab. Auch ein Geruchsverschluss ist unbedingt notwendig, um einen Qualitätsverlust des Honigs durch üble Gerüche zu vermeiden.

Kühlraum

Honig lässt sich am besten bei rund 14 °C zu Cremehonig verarbeiten. Daher gibt es in manchen Imkereien zusätzlich einen Kühlraum, in dem der Honig auf die für das Rühren ideale Temperatur gebracht werden kann.

Der gesamte Raum muss sehr gut beleuchtet sein, um Verunreinigungen rasch erkennen und beseitigen zu können. Die Leuchten müssen so abgedeckt sein, dass die Leuchtmittel bei einem versehentlichen Stoß nicht zerstört werden. Der Raum muss bienendicht sein. Die Fenster müssen mit einem Fliegengitter verschlossen sein.

Schließlich benötigt der Schleuderraum einen Wasseranschluss mit einer Waschgelegenheit, um sich die Hände mit kaltem und warmem Wasser reinigen zu können. Außerdem lösen sich Honigreste durch warmes Wasser ungleich schneller als durch kaltes. Am Waschbecken müssen Spender mit Papierhandtüchern und Seife angebracht sein.

TOILETTEN

In Betrieben mit bis zu neun Beschäftigten reicht ein Toilettenraum für alle Mitarbeiter unabhängig vom Geschlecht. Der Raum muss durch zwei Türen von der Honigverarbeitung getrennt sein. Das heißt, dass zwischen der Toilette und dem Honigverarbeitungsraum ein Vorraum oder ein Flur liegen muss. Da die Honigernte eine schweißtreibende Arbeit ist, empfiehlt es sich, eine Dusche im Sanitärbereich der Imkerei einzurichten.

ABFÜLLRAUM

Im Abfüllraum wird Honig aus dem Lager verflüssigt und je nach Kundenwunsch auch cremig gerührt. Dann wird er wie frisch geschleuderter und geklärter Honig in frisch gespülte Gläser, kleinere Eimer oder in Quetschflaschen gefüllt. Diese Behältnisse werden anschließend etikettiert und so verpackt, dass sie ausgeliefert werden können.

In vielen Imkereien gelangen die Gebinde anschließend in ein Warenlager und von dort in den Verkauf. Im Abfüllraum erledigen Sie also ganz verschiedene Aufgaben. Da dort ebenso wie im Schleuderraum mit offenem Honig hantiert wird, gelten die gleichen grundlegenden Bauprinzipien wie im Schleuderraum. Das betrifft den Wasseranschluss ebenso wie die Eigenschaften der Böden und Wände.

Viele Imker schleudern und füllen im gleichen Raum ab. Wer beides trennt, hat jedoch Vorteile. Der Abfüllraum ist stets deutlich kleiner als der Schleuderraum. Er sollte im Gegensatz zum Schleuderraum auch beheizbar sein, denn geschleudert wird in der warmen Jahreszeit, abgefüllt aber meistens das ganze Jahr über.

Sofern Abfüll- und Schleuderraum nicht ohnehin in Hallen untergebracht sind, empfiehlt sich beim Abfüllraum eine größere Deckenhöhe. Viele Imker arbeiten mit einem größeren Kessel, aus dem der Honig in die Abfüllmaschine läuft. Der Kessel steht daher erhöht. Um ihn befüllen zu können, nutzen manche Imker eine Hebebühne oder haben eine erhöhte Plattform hinter dem Abfüllkessel, von der aus sie ihn befüllen. Das alles braucht Platz nach oben. Eine entsprechend hohe Decke gibt Ihnen die Möglichkeit, Ihren Abfüllraum optimal einzurichten.

Die Behälter mit dem Honig dürfen nicht auf dem Fußboden stehen. Am besten lagert man sie auf Paletten.

LAGERRAUM FÜR HONIG

Honig ist glücklicherweise eins der wenigen Lebensmittel, die sich gut und einfach lagern lassen, ohne dass zusätzliche Klimatechnik notwendig ist. Honig ist in trockenen, kühlen (10–14 °C), geruchsfreien und abgedunkelten Lagerräumen mehrere Jahre lang ohne nennenswerte Qualitätseinbußen lagerfähig. Dafür eignen sich trockene Lagerräume ebenso wie Hallen und Räume im Freiland.

Honig lagert am besten bei einer Luftfeuchtigkeit von unter 50 %. Immer wieder müssen Imker überrascht feststellen, dass ihre vermeintlich dichten Honigeimer doch einen Luftaustausch zulassen, sodass sich der Wassergehalt des Honigs erhöht.

Ein Honiglager benötigt weder Heizung noch Fenster. Eventuell ist ein Luftentfeuchter sinnvoll. Damit er korrekt arbeitet, muss der Wasserbehälter regelmäßig entleert werden. Der Honig im Lagerraum darf aus hygienischen Gründen nicht direkt auf dem Fußboden stehen. Paletten ermöglichen einen erhöhten Stand. Außerdem können Sie die Lagergefäße auf Paletten mit einem Gabelstapler oder Hubwagen leichter transportieren.

Ist das Honiglager im Untergeschoss der Imkerei untergebracht, empfiehlt sich ein Lastenaufzug, der den darüber gelegenen Schleuder- oder Abfüllraum mit dem Honiglagerraum verbindet. So können die Honigeimer oder -hobbocks schnell eingelagert bzw. in den Abfüllraum transportiert werden.

Stapeln von Honigeimern

Honigeimer können gut gestapelt werden. Um das Gewicht des oben stehenden Eimers besser auf die darunter stehenden zu verteilen und um sie zusätzlich abzudichten, legen Sie am besten passend zurechtgesägte, resopalbeschichtete Pressspanplatten zwischen die Lagen. Grundsätzlich sollte der Lagerraum so dimensioniert werden, dass er eine bis anderthalb durchschnittliche Jahresernten fassen kann. In gut organisierten Imkereien gibt es stets noch Vorräte im Honiglager, bevor die neue Ernte ankommt.

Lastenaufzug

Wenn Sie eine mehrgeschossige Imkerei bauen oder nutzen wollen, planen Sie einen Lastenaufzug ein. Er sollte eine Grundfläche von mindestens 1,20 m × 1 m haben, um auch eine Gläserpalette transportieren zu können. Gläserpaletten sind größer als die sonst üblichen Europaletten.

Genug Lagerfläche

Nach einer Faustformel brauchen Sie in einer Erwerbsimkerei pro Volk eine Lagerfläche von 1 m² für leere Honigraum- und Ablegerzargen sowie für kleinere Kästchen, z. B. für die Bildung von Kunstschwärmen. Schon bei einer mittelgroßen Erwerbsimkerei kommen auf diese Weise Quadratmeterzahlen zusammen, die kaum mehr in einem normalen Einfamilienhaus unterzubringen sind. Überlegen Sie sich, ob Sie in der Nähe Ihrer Imkerei Lagerflächen anmieten können oder ob Sie mit ihrer gesamten Imkerei in ein Gewerbegebiet ziehen möchten.

VERARBEITUNGSRAUM

Honig zu ernten und in Verkaufsgebinde abzufüllen ist noch keine Honigverarbeitung. Es handelt sich noch um Produktionsschritte. Sobald das fertige Bienenprodukt z. B. zu Met, Lebkuchen oder Honigzubereitungen wie „Cranberrys in Honig“ verarbeitet wird, benötigen Sie eigene Verarbeitungsräume, an die vom Gesetzgeber höhere Anforderungen an die Hygiene gestellt werden als an die Produktion von Honig. Erkundigen Sie sich bei der Lebensmittelaufsicht, wie diese für das von Ihnen gewünschte Produkt aussehen.

LAGERRAUM FÜR LEERE HONIGRÄUME

Leere Zargen können problemlos im Freien oder weitgehend draußen, z. B. unter einem Dach, gelagert werden. Würden Zargen mit leergeschleuderten und honigfeuchten Waben draußen abgestellt, wären sie ständig von Bienen umlagert. Außerdem zögen sie auch Mäuse und Waschbären an, die sich über die Reste hermachten.

Daher lagern viele Berufsimker ihre Waben nach der Saison ein. In den Räumen stapeln sich die Zargen. Auf Fenster kann verzichtet werden, denn sie würden ohnehin zugestellt. Bewährt haben sich 20 cm hohe Lichtbänder unter der Dachkante. Die Lagerräume sollten bienendicht sein.

Überlegen Sie sich, ob Sie eine Kühlanlage installieren möchten, um den Raum dauerhaft unter 14 °C zu temperieren. Das verhindert, dass sich Wachsmottenlarven in Ihren Zargenstapeln breitmachen. Außerdem verhindern niedrige Temperaturen, dass Honigreste in Gärung übergehen und der Frühjahrshonig mit Hefen belastet ist. Kalkulieren Sie den Flächenbedarf eines Zargenlagers nicht zu klein. Natürlich ist die Grundfläche für einen Zargenstapel abhängig von dem von Ihnen verwendeten Rähmchen- und damit Beutenmaß. Die Imkerei ist bekanntlich eine Materialschlacht. Bei der Erweiterung im Frühjahr oder beim Wechseln der Honigräume werden große Zargenmengen umgeschlagen.

Erfahrungsgemäß sollten Sie für ein im Freiland aufgestelltes Volk mindestens zwei weitere Zargen einplanen. Für einen Ableger wird eine leere Zarge benötigt, z. B. zur Varroa-Behandlung oder zur Einfütterung. Bei 120 Wirtschaftsvölkern und 30 Ablegern ergibt das 270 Zargen, die gelagert und regelmäßig bewegt werden müssen. Daher empfiehlt es sich, die Zargen auf Paletten zu lagern und auf ihnen zu transportieren. Das bedeutet, dass Sie auch die für einen Hubwagen oder einen Gabelstapler nötige Bewegungsfreiheit benötigen.

VERKAUFSRAUM

Der Verkaufsraum ist kein Produktionsraum, sondern hier soll das verkaufsfertige Produkt in einem ansprechenden Ambiente seine Käufer finden. Die Praxis zeigt, dass ein solcher Hofladen vor allem gut erreichbar sein muss. Daher sollten Sie Ihren Verkauf nicht

Leere Zargen und Geräte, die keinen Honig enthalten, können auch unter einem Dach im Freien gelagert werden.

weiter als 1–2 km von der nächsten Stadt entfernt betreiben. Ein solches Umfeld vorausgesetzt, ist ein Hofladen besonders für direkt vermarktende Berufsimker mit einer Jahresproduktion ab 15 t Honig interessant.

Sie benötigen für einen Hofladen ein breites Warenangebot und einen hohen Warenumschlag. Der Kunde erwartet beim Besuch eines spezialisierten Imkerei-Hofladens eine entsprechende Sortimentstiefe und -breite. Honig in (noch) haushaltsüblichen Großgebinden (z. B. 2,5-kg-Eimern) gehört genauso dazu wie Honigwein, Kerzen und diverse honighaltige Süßigkeiten und Kosmetika.

Veranschlagen Sie für die Einrichtung eines Hofladens mindestens 1000,– € Investitionskosten pro Quadratmeter. Dafür schaffen Sie mit einem professionellen Ladenbauer die Stimmung, die dem ästhetischen Empfinden Ihrer Zielgruppe entspricht. Ein Geschäft muss so einladend wirken, dass die Verlockungen, die im Laden warten, größer sind als die Schwellenangst. Ein alter Bienenkorb und ein von der Oma geerbtes Regal reichen dafür meistens nicht aus.

Bevor Sie sich für die Eröffnung eines Hofladens entscheiden, empfiehlt es sich, die örtlichen Gegebenheiten sehr gründlich zu erkunden, denn ein guter Verkaufs-

Ein Hofladen sollte schon von außen einladend wirken.

standort ist mehr als nur eine gute Verkehrsanbindung. Prüfen Sie, welches Preisniveau auf eine lokale Kundschaft anziehend wirkt. Besorgen Sie sich die sogenannten Kaufkraftziffern, die es für jede Gemeinde gibt. Sie erhalten sie bei der Gesellschaft für Konsumforschung (GfK) in Nürnberg (Tel. 0911/395-0) und auch bei der Betriebsberatung des Einzelhandels (BBE) in Köln (Tel. 0221/93655-202). Suchen Sie sich aus dieser Checkliste die für Sie relevanten Punkte heraus.

- Mein Hofladen ist für die Kunden gut erreichbar.
- Mein Hofladen ist leicht zu finden, d. h. nicht allein durch Ortskenntnis ausfindig zu machen.
- Ich kann meinen Hofladen ungehindert und leicht mit Ware beliefern (Honig ist schwer!).
- Kunden können vor dem Laden parken und ihre Autos leicht beladen.
- Die monatlichen Mietkosten entsprechen dem Niveau vergleichbarer Ladengeschäfte.
- Ich kann die Räumlichkeiten so nutzen, wie sie sind, d. h. es sind keine größeren Umbauten notwendig.
- Das Gebäude ist in einem guten Zustand.
- Die Wasser-, Elektro- und Gasleitungen sind in einem guten Zustand.
- Die Höhe der Räume ist ausreichend.
- Es gibt eine gute Be- und Entlüftung.
- Die Beleuchtung ist angenehm und ausreichend.
- Die Baulichkeiten entsprechen den Vorgaben der Hygieneaufsicht.
- Die Fläche, die ich nutzen kann, genügt auch langfristig meinen Anforderungen.
- Das Einzugsgebiet ist für meinen Hofladen ausreichend.
- Meine Imkerei ist in der Umgebung bereits bekannt.
- Mein Angebot passt zur Umgebung. (Gut sind andere Lebensmittelspezialisten, schlecht sind Spielhallen.)

Auswertung: Wenn Sie mehr als fünf Aussagen nicht zustimmen konnten, dann empfiehlt es sich nicht, einen Hofladen am betreffenden Standort zu eröffnen. Denken Sie über einen anderen Standort nach oder schließen Sie sich mit anderen Landwirten zu einem Bauernladen zusammen, den Sie dann mit Bienenprodukten beliefern.

Gute Beratung

Hinweise zur Finanzierung und zur Gestaltung eines Hofladens erhalten Sie von Ihrem Amt für Landwirtschaft, Ihrer Landwirtschaftskammer oder Ihrem Anbauverband (z. B. Bioland). Hier finden Sie Berater, die sich mit den Themen Direktvermarktung und Hofladen auskennen. Beauftragen Sie einen Profi für die Gestaltung Ihres Hofladens. Das können ein erfahrener Ladenbauer, ein Innenarchitekt oder ein Tischler sein. Wichtige Impulse erhalten Sie auf der alle drei Jahre in Düsseldorf stattfindenden Messe Euroshop (www.euroshop.de), insbesondere im Bereich Euroconcept.

Interessanter Einblick

Sofern möglich, können Sie den Verkaufsraum unmittelbar an die Produktionsräume anschließen, sodass Ihre Kunden einen Einblick und vor allem einen Eindruck erhalten, unter welchen Bedingungen Ihre Ware entsteht. Das erhöht die Authentizität, denn Sie gewähren für den Laien interessante und erlebnisreiche Einblicke, die ihm ein Lebensmittelgeschäft niemals bieten kann.

So war's bei mir

„Ich habe mit meiner Imkerei in der ehemaligen Waschküche meines Wohnhauses auf 12 m² angefangen. Mit dem Entschluss, die Hobbyimkerei in eine Erwerbsimkerei umzuwandeln, wuchs die Imkerei auf 90 m² im Untergeschoss. Der Heizungskeller ist auch die Wachsküche, in der Tiefgarage wird geschleudert. Im Winter werden dort Rähmchen gebaut und Mittelwände eingelötet. Ein Gartenhaus von 16 m² dient als Holzwerkstatt. Für das Honig- und das Zargenlager habe ich Flächen angemietet. Die Enge zwingt dazu, dass ich mich auf das Nötigste beschränke. Weil das Lager 4 km von der Imkerei entfernt ist, muss ich leider öfter hin- und herfahren."

Bienenwachskerzen werden oft in der Wachsküche hergestellt.

WACHSKÜCHE

Die Wachsküche gehört zum sogenannten Schmutzbereich einer Imkerei. Es gelten daher nicht die gleichen Anforderungen an die Lebensmittelhygiene wie für Schleuder- und Abfüllraum. Trotzdem sollten auch hier die Böden und Wände abwaschbar sein.

In der Wachsküche werden Altwaben ausgeschmolzen und das anfallende Rohwachs wird in Wachsblöcke umgeschmolzen. In der Wachsküche stehen ein Herd, ein Dampfwachsschmelzer und in vielen Imkereien auch eine Spülmaschine zum Reinigen und Desinfizieren der Rähmchen. Viele Erwerbsimker gießen die in der Weihnachtszeit beliebten Bienenwachskerzen in der Wachsküche. Andere betreiben in ihrer Imkerei einen eigenen Wachskreislauf und fertigen die benötigten Mittelwände selbst.

In der Wachsküche sollten neben den genannten Geräten auch ein großer Arbeitstisch oder genug Arbeitsfläche ihren Platz haben, um z. B. Kerzen in Formen aushärten zu lassen. Achten Sie darauf, dass die Wachsküche sehr gut belüftet werden kann, denn beim Ausschmelzen und Kochen von Wachs entstehen Dampf und Gerüche, die nicht in die anderen Räume ziehen dürfen.

Zu reinigendes Wachs behält nur dann seine hohe Qualität, wenn es mit weichem und eisenfreiem Wasser aufgekocht wird. Leitungs- oder Brunnenwasser eignen sich dafür nicht. Um an weiches Wasser zu kommen, ist ein in der Nähe befindliches Regenfass hilfreich. Statt Niederschlagswasser können Sie auch das Kondenswasser aus Luftentfeuchtern nutzen.

HOLZWERKSTATT

Ebenfalls zum Schmutzbereich einer Imkerei gehört die Holzwerkstatt. Wie groß sie dimensioniert sein soll, hängt davon ab, ob

Elektrische Sicherheit

Klären Sie in Zusammenarbeit mit einem Elektroinstallateur, welche Räume Ihrer Imkerei mit Fehlerstrom-Schutzschaltern (FI-Schaltern) ausgestattet werden sollten. Das ist immer dort sinnvoll, wo Menschen mit feuchten Händen elektrische Geräte bedienen. Fehlerstrom-Schutzschalter unterbrechen die Stromzufuhr, wenn der Strom nicht im vorhergesehenen Stromkreis bleibt und z. B. durch einen menschlichen Körper fließt. Oft ist heutzutage der Einbau eines FI-Schalters grundsätzlich vorgeschrieben.

Tischlerarbeiten

Falls Sie sich bezüglich ihrer handwerklichen Qualitäten nicht sicher sind, die baulichen Investition in eine große Holzwerkstatt scheuen oder vor dem Kauf teurer Maschinen zurückschrecken, sollten Sie darüber nachdenken, die Beuten von einer Tischlerei herstellen zu lassen. Außerdem gibt es Selbstbauwerkstätten, in denen Sie unter Anleitung mit Holz arbeiten können. Sie werden aber in jedem Fall regelmäßig kleinere Reparaturen an Beuten durchführen müssen. Dafür reichen die Geräte aus der Werkzeugabteilung des Baumarkts aus.

Sie die Beuten selbst bauen wollen. Da die Holzarbeiten sehr häufig im Winter erledigt werden, muss die Holzwerkstatt beheizbar sein und gut beleuchtet werden können. Am besten errichten Sie die Werkstatt im oder am Wohnhaus, denn nach Sägen und Hobeln werden Sie das Bedürfnis nach einer reinigenden Dusche verspüren.

Sie benötigen eine Mindestausstattung an Holzbearbeitungsmaschinen, wie z. B. eine Tischkreissäge, eine Hobelmaschine, einen oder mehrere Bohrschrauber und evtl. auch eine Oberfräse sowie einen großen Schraubstock. Da bei Holzarbeiten auch Sägemehl und Hobelspäne in Mengen anfallen, lohnt sich außerdem eine Absauganlage.

Kaufen Sie diese Geräte nicht im Baumarkt, da dort fast nur Maschinen für Bastler angeboten werden. Für die Ansprüche einer Erwerbsimkerei reichen sie nicht aus. Fündig werden Sie im professionellen Maschinenhandel. Greifen Sie zu Geräten, die Tischler für den mobilen Einsatz auf Baustellen einsetzen. Sie genügen für die semiprofessionellen Ansprüche eines Berufsimkers, bei dem sie nicht täglich zum Einsatz kommen.

Falls Sie ihre Beuten selbst bauen möchten, brauchen Sie in der Nähe der Holzwerkstatt eine Lagerfläche für Bretter. Der Lagerplatz sollte leicht anzufahren sein, da Holzhändler die Bretter mit dem LKW anliefern und mit dem Kran abladen.

BÜRO

Das Büro einer Imkerei unterscheidet sich nicht nennenswert von den Büros anderer Branchen. Die meisten Imker arbeiten nur stundenweise im Büro, wenn der Betrieb nicht inzwischen eine solche Größe erreicht hat, dass sich andere um die eigentlichen imkerlichen Arbeiten kümmern. Das heißt nicht, dass der Büroarbeitsplatz vernachlässigt werden darf. Auch dort sollen Sie sich wohlfühlen.

Das Büro sollte eine Mindestgröße von rund 10 m² haben. Arbeiten mehrere Personen in einem Büro, multipliziert sich diese Zahl entsprechend der Anzahl der Mitarbeiter. Die Raumhöhe sollte 2,5 m betragen. Durch die Fenster muss Tageslicht dringen. Es muss eine flächige Raumbeleuchtung (z. B. durch

Die Holzwerkstatt muss mit professionellen Geräten ausgestattet sein.

Neonröhren) und eine Beleuchtung für den jeweiligen Arbeitsplatz geben (Tischlampe). Der Schreibtisch sollte eine Mindestgröße von 160 × 80 cm haben. Der Bürostuhl muss ergonomische Ansprüche erfüllen. Am besten kaufen Sie sich Büromöbel im einschlägigen Handel.

Auch wenn Sie während der Büroarbeit gern nach ihren Bienenvölkern schauen würden, darf der Tisch nicht frontal vor dem Fenster stehen, weil das Sonnenlicht blendet. Platzieren Sie ihn im rechten Winkel zum Fenster. Regale, ein Sideboard für die Bürotechnik sowie Stühle mit einem Besprechungstisch runden das gut eingerichtete Imkerbüro ab.

LABOR UND BESAMUNGSRAUM

Manche Imker haben ihre Imkerei mit einem kleinen Labor ausgestattet. Es hat die Größe eines kleinen Büros und dient der Honiganalyse. So wird der Wassergehalt mithilfe eines Refraktometers ermittelt. Hier können auch Verkostungen stattfinden. Die nüchterne Einrichtung des Laborraums hilft bei der Konzentration. Auch Sortenbestimmungen sind hier möglich, zumal der Erwerbsimker nicht über die Kenntnisse der professionellen Analytiker verfügen muss. Es reicht, wenn er die Pollen in seinen Honigsorten bestimmen kann. Einzelpollen sind vielleicht interessant, aber für die korrekte Auslobung eines Sortenhonigs nicht bedeutend.

Das Labor sollte gefliest sein. Leicht zu reinigende Küchenmöbel mit glatten Oberflächen reichen als Möblierung. Das gilt besonders dann, wenn der Raum auch zur künstlichen Besamung genutzt werden soll. Peinlichste Sauberkeit ist die Voraussetzung dafür. Für ambitionierte Züchter bieten die Bieneninstitute jährlich Besamungskurse an. Dort erhalten Sie nähere Informationen, welche Geräte für ein Besamungslabor wichtig sind und wo sie ihren Platz haben sollten.

Häusliches Arbeitszimmer

Verzichten Sie auf typische Wohnmöbel, wie z. B. ein Sofa oder eine Schlafcoach. Das gilt besonders, wenn Sie das Büro im Wohnhaus untergebracht haben. Die Finanzämter erkennen häusliche Arbeitszimmer nur an, wenn Sie kein anderes Büro zur Verfügung haben. Es darf aber auf keinen Fall für Wohnzwecke genutzt werden. Statten Sie daher Ihr Büro nur mit typischen Büromöbeln aus. Das Büro ist auch kein Übernachtungsquartier für durchreisende Imkerkollegen während der Wandersaison.

Optimaler Arbeitsplatz

Ein optimal gestalteter Arbeitsplatz in der Imkerei

- ermöglicht Arbeiten ohne langes Laufen, um etwas zu holen oder abzustellen;
- bietet einen reibungslosen Arbeitsfluss, da ein Arbeitsschritt in den anderen greift;
- berücksichtigt die Körpermaße und Bewegungsabläufe der Mitarbeiter;
- macht es einfach, die einschlägigen Vorschriften des Arbeitsschutzes einzuhalten, und verhütet Unfälle.

Für die professionelle Vermehrung von Königinnen empfiehlt sich ein eigener, hygienischer Raum.

Was ist an Imkereitechnik nötig?

Neun Prozent der Imker in Deutschland betreiben die Bienenhaltung und Honigerzeugung mit professionellem Interesse. Das sind rund 9000 von 100 000 Bienenhaltern. Diese Imker nutzen rund eine Handvoll unterschiedlicher Rähmchenmaße. Sie kaufen sich ein- bis zweimal in ihrem Berufsleben eine Grundausstattung imkerlicher Maschinen. Das alles macht deutlich, dass Imkereitechnik ein sehr kleiner Markt ist. In diesem Kapitel lernen Sie die wichtigsten Geräte und Anbieter kennen, mit deren Imkereitechnik Sie sich die Arbeit erleichtern können.

Braucht man das alles?

Besichtigen Hobbyimker eine Berufsimkerei, dann werden sie an zwei Stellen im Betrieb erst ganz still und dann gesprächig – wenn sie einer Phalanx von mehr als 30 Bienenvölkern gegenüberstehen und wenn sie Schleuder, Klärbehälter und vermeintlich exotische Maschinen wie eine Entdeckelungsmaschine oder eine Wachspresse sehen.

ZEHN GOLDENE REGELN

Mit edelstahlglänzender Imkereitechnik können Sie sich mehr als nur die Arbeit erleichtern. Sie können auch mächtig Eindruck schinden. Doch bevor Sie sich nun eine gewaltige Schleuderstraße zulegen, empfiehlt es sich, die zehn folgenden Regeln zu verinnerlichen.

Eine größere Schleuder ist nicht automatisch besser!

Niemand würde sich einen Anzug kaufen, der zu groß ist. Doch so wie es Landwirte gibt, deren Schlepper nicht gewaltig genug sein kann, gibt es auch Imker, deren Schleuder nicht groß genug sein kann. Warum eine 16- oder 24-Waben-Schleuder kaufen, wenn es auch Schleudern gibt, die 32 oder 42 Rähmchen fassen?

Mit so großen Maschinen kann nur sinnvoll gearbeitet werden, wenn die Schleuder in eine zu ihr passende technische Umgebung integriert ist. Ist ein Schleudergang abgeschlossen, müssen schon die nächsten entdeckelten Rähmchen bereitstehen. Außerdem muss der gewonnene Honig zügig abgepumpt und geklärt werden. Dann kann die Schleuder nach dem Beladen sofort wieder in Gang gesetzt werden. Kurz: Die Größe der Schleuder muss zur Größe des Betriebs passen.

Kaufen Sie nur etwas größer!

Die Ernten in der Imkerei können ganz unterschiedlich ausfallen. In manchen Jahren können sie 20 % über der Norm liegen. Damit Ihnen die Arbeit dann nicht über den Kopf wächst, empfiehlt es sich, die Imkerei so auszustatten, dass Sie auch solche Produktionsspitzen bewältigen können. Dazu müssen alle Arbeitsschritte so aufeinander abgestimmt sein, dass sich nicht alles an einer Stelle staut. Eine etwas größere Schleuder nützt nichts, wenn Sie mit dem Entdeckeln nicht nachkommen.

Was brauche ich wirklich?

Es stellt sich zwangsläufig die Frage, was Sie wirklich brauchen. Dabei kommt es nicht nur auf die Betriebsgröße an, sondern auch auf Sie ganz persönlich. Es gibt z. B. Imker, die so geschickt und schnell mit dem beheizten Entdeckelungsmesser sind, dass sie auf eine Entdeckelungsmaschine verzichten können. Sie sparen Platz und freuen sich darüber, dass ein Messer so viel schneller gereinigt ist als die Maschine. Fragen Sie also nicht danach, was „toll“ ist, sondern was Sie für Ihre (geplante) Betriebsgröße wirklich brauchen.

Nutzen Sie die Erfahrungen der Kollegen!

Vor der Anschaffung einer Maschine ist es unverzichtbar, zunächst nach den Erfahrungen der Kollegen zu fragen. Denken Sie dabei nicht nur daran, ob das Gerät die Aufgabe erfüllt, für die Sie es anschaffen wollen. Ob es wirklich etwas taugt, erfahren Sie von Kollegen, die damit schon eine Saison lang gearbeitet haben. Nach einer gewissen Zeit werden nämlich auch die Schwächen deutlich. Die können teilweise so gravierend sein, dass Sie die Lust an der Anschaffung der Maschine verlieren. Eine Entdeckelungsmaschine mit Schlagmessern ist z. B. so laut, dass Sie in der ansonsten leise arbeitenden Imkerei einen Gehörschutz tragen möchten. Ein mit einem großen Akku betriebener Beutenlift zum Auf- und Abladen der Bienenwohnungen für die Wanderung kann trotz seiner nur 28 kg Eigengewicht so unhandlich sein, dass sie den Lift am liebsten gar nicht einsetzen möchten, weil das Ding so sperrig und schwer ist.

Schauen Sie sich auch in den Nachbarbranchen um!

Es lohnt sich immer, den Blick auch auf andere Branchen zu richten. Hobbyimker nutzen z. B. Mörtelrührer, um Honig cremig zu bekommen. Manches, was die Beschäftigten in anderen Branchen einsetzen, taugt auch für die Imkerei. Mitunter sind die Maschinen dort sogar besser geeignet als die für den Imker entwickelten. Vor allem aber müssen Sie dafür weniger ausgeben.

Hobbyimkern genügt in den meisten Fällen eine Entdeckelungsgabel, doch es gibt natürlich auch Maschinen zur Entdeckelung.

Schauen Sie sich vor dem Kauf von Geräten auch in anderen Branchen um.

So gibt es im Gastronomiebedarf Wärmeschränke, die zum Warmhalten von Speisen benutzt werden. Sie aber können darin Hobbocks auftauen. Die Schränke aus der Gastronomie besitzen außerdem eine Arbeitsfläche, fassen mehrere Hobbocks und kosten nur ein Drittel der entsprechenden Geräte aus dem Imkereibedarf. Brutschränke für die Königinnenzucht gibt es im Imkereifachhandel. Für einen Bruchteil des Gelds erhalten Sie vergleichbare Schränke im Laborbedarf.

Schauen Sie sich also in anderen Branchen um, wo immer Sie die Möglichkeit dazu haben. Mit etwas Glück finden Sie Optimierungsmöglichkeiten, an die Sie bisher nicht gedacht haben. Wer neue Beuten aus Einzelteilen zusammenschraubt, dem ist mit einem Druckluftnagler aus dem Zimmererhandwerk wahrscheinlich besser gedient als mit einem Akkuschrauber, weil er damit viel schneller arbeitet.

Beantragen Sie zuerst Fördermittel!

Weil die Landwirtschaft und damit die Ernährung der Bevölkerung von der Bienenhaltung abhängig sind, gibt es Fördermittel für die Imkerei. Hinzu kommen finanzielle Zuschüsse für Existenzgründer und für geplante Investitionen. Es gibt Fördermittel von Bund und Ländern ebenso wie Ausschreibungen von Stiftungen und Unternehmen. Schließlich gibt es auch Investoren. Sie alle verstehen ihre Mittel nicht als Geschenke, sondern als knappe Ressource, über deren

Vergabe sie aufmerksam wachen. Beim Geld der öffentlichen Hand sind es Mittel, die die Steuerzahler aufgebracht haben.

Wenn Sie an solchen Zuschüssen interessiert sind, dann beantragen Sie die Fördermittel, bevor Sie auf Einkaufstour gehen. Und wenn Sie die Subventionen erhalten haben, dann kaufen Sie genau das ein, was Sie beantragt haben. Oft sind die Zuschüsse an eine mehrjährige Nutzung der Investition gebunden. Daher ersparen Sie sich viel Ärger, wenn Sie doppelt gründlich darüber nachdenken, was Sie wirklich brauchen.

Qualität geht vor Preis!

Eine Imkerei aufzubauen verschlingt erhebliche Mittel. Weil viele Hobbyimker die Sparsamkeit ihrer Bienen zum Vorbild nehmen, gibt es auf dem Markt jede Menge äußerst preiswerten Imkereibedarf, den die anbietenden Imkereifachhändler irgendwo in China oder Osteuropa zusammenkaufen. Dabei stellt sich leider immer wieder heraus, dass die Hersteller dort ganz andere Vorstellungen von dem haben, was als „reines Bienenwachs“ oder „Edelstahl“ gilt.

Hinzu kommen Qualitätsmängel, die durch schlampige Verarbeitung oder ungeeignetes Material entstehen. Beispiele sind Zargen mit Rutschleisten, die aus Hartholz sein sollten und nicht aus Sperrholz, das sich beim Kontakt mit Feuchtigkeit in seine einzelnen Schichten auflöst. Es lohnt sich also, auf Qualität zu achten und nicht in erster Linie auf den Preis zu schauen. Auch in der Imkereibranche gilt der Grundsatz: Wer billig kauft, kauft doppelt.

Bedeutende deutsche Qualitätshersteller (ohne den Anspruch auf Vollständigkeit) sind

- Bergwinkel Werkstätten, Schlüchtern,
- Carl Fritz (CFM), Mellrichstadt,
- Graze, Weinstadt,
- Siegerland, Neunkirchen,
- Stefan Weiland, Dresden.

Kaufen Sie international ein!

Obwohl die Branche klein ist, gibt es Messen, auf denen Sie sich einen Überblick über die Technikangebote für Imker informieren können. Dafür sorgt der Deutsche Erwerbs- und Berufsimkerbund DBIB e. V., der im Begleitprogramm des Erwerbsimkertags in Donaueschingen auch die bedeutendste Messe im deutschsprachigen Raum organisiert. Weitere bedeutende Messen finden am Rande des Großimkertags (unregelmäßig) in Soltau oder Celle und zweijährig anlässlich der Apimondia statt. Dort treffen Sie auf Hersteller von Imkereitechnik und ihre Angebote.

Der Besuch einer oder mehrerer Messen ist unverzichtbar. Weil die Branche so klein ist, stellen Erwerbsimker sich ihre Ausstattung international zusammen. Inzwischen müssen sich ost- und mittelosteuropäische Hersteller

Auch mit einer selbstkonstruierten Transportkarre bekommt man die Beuten auf den Anhänger.

auch nicht mehr mit Ihren Qualitäten hinter westeuropäischen Herstellern verstecken. Schauen Sie sich insbesondere die Angebote dieser Hersteller an:

- Lega (Italien),
- Logar (Slowenien),
- Lyson (Polen),
- Paradise Honey (Finnland),
- Thomas (Frankreich).

Konstruieren und bauen Sie mit!

Viele Imker sind Individualisten und wollen es lieber anders haben als der Kollege. Daher ist es nicht verwunderlich, dass mancher Imker über eine Messe geht und dann doch nicht das findet, was er gern hätte. In solchen Fällen hilft es nur, ein vorgefundenes Gerät so zu modifizieren, dass es den eigenen Vorstellungen entspricht. Alternativ kann die ganze Maschine neu konstruiert werden. Das ist ein wesentlicher Motor des Fortschritts in der Imkereitechnik.

Seien Sie kreativ! Während z. B. alle anderen Imker mit den verschiedensten Geräten, wie z. B. Kränen, Hebekarren, geländegängigen Staplern oder schierer Muskelkraft, Beuten bei der Wanderung auf die Ladefläche ihrer Anhänger wuchten, ging Imkermeister Jens Radtke (Hohen Neuendorf) einen anderen Weg. Er ließ den Wanderhänger so umbauen, dass er nun dessen Ladefläche hydraulisch bis auf den Boden senken und mit einer leicht modifizierten Sackkarre die Beuten auf die Ladefläche schieben kann.

Für solche und ähnliche konstruktive Lösungen ist es unverzichtbar, dass Sie sich mit einem Maschinenbauingenieur zusammensetzen und an der technischen Umsetzbarkeit Ihrer Idee tüfteln. Wenn es um spezielle Fragen geht, z. B. die Verarbeitung von Lebensmitteln, wird er noch Kollegen hinzuziehen, die ihn dabei beraten. Einfachere Geräte können Sie auch von einer (Edelstahl)-Schlosserei anfertigen lassen.

Doppelt ist besser als groß!

Wenn Ihre Imkereitechnik während der heißen Phase wegen eines technischen Defekts ausfällt, besteht die Gefahr, dass alles stillsteht. Streikt z. B. Ihre große Schleuder, dann können Sie keinen Honig aus den Waben zentrifugieren. Wenn Sie in dieser Situation die Honigräume dringend brauchen, muss schnell eine Lösung her. Vielleicht können Ihnen der Maschinenbauer oder -schlosser Ihres Vertrauens helfen – oder auch nicht.

Daher ist wichtig, dass ihre Prozesse redundant angelegt sind. Fällt eine Schleuder aus, dann können Sie froh sein, wenn Sie noch eine zweite haben, die dann zum Einsatz kommt. Es ist daher besser, Sie kaufen sich statt einer großen Schleuder zwei, die etwas kleiner sind. Alternativ behalten Sie die Geräte und Anlagen, die Sie früher benutzt haben, wenn Sie in neue Technik investieren.

Übrigens: Das Redundanz-Prinzip gilt nicht nur für die Schleuder, sondern beginnt beim Stockmeißel und beim Smoker. Denn es ist ärgerlich, wenn Sie die Arbeit am Bienenstand einstellen müssen, weil Ihr Stockmeißel „irgendwie nicht mehr da ist".

Gefragte Gebrauchtgeräte

Stellen Sie fest, dass Sie sich trotz guter Vorbereitung verkauft haben, muss Ihnen das kein Kopfzerbrechen bereiten. Gebrauchte Imkereitechnik können Sie mit einem geringen Abschlag auch noch nach Jahren verkaufen.

Was benutzt der Profi?

Erwerbsorientierte Imkereien benötigen aufgrund ihrer Völkerzahlen und der Honigmenge eine andere technische Ausstattung als Hobbyimker. Trotz aller Unterschiede sind die Aufgaben immer die gleichen. Denken Sie bei anstehenden Investitionen an die im Folgenden aufgeführten Arbeitsbereiche.

WANDER-, LADE- UND TRANSPORTTECHNIK

Wanderkarren, wie z. B. Apilift oder Kaptarlift, verbinden das Transport- mit dem Hebegerät. Die Karren haben auf beiden Seiten zwei Klemmbacken, die die Beute fest anpacken. Mithilfe eines an mit einem Akku betriebenen Elektromotors können Beuten bis zu einer Höhe von rund 1 m angehoben werden. Das ermöglicht es Ihnen, sie vom Boden aufzunehmen, mit den Rädern zum Anhänger zu rollen, dort auf die Höhe der Ladefläche zu heben und abzukippen.

Eine Akkuladung des Apilift reicht für die Verladung von rund 50 Beuten. Mit dem Kaptar Lift können Sie mehrere Tage lang ohne Wiederaufladen des Akkus arbeiten. Während

Der Apilift dient sowohl als Transport- als auch als Hebegerät.

Für Großimkereien lohnt sich die Anschaffung eines geländegängigen Staplers.

Sie die Beuten durchs Gelände rollen, können Sie den für Sie optimalen Schwerpunkt durch Heben und Senken der Beute per Knopfdruck bestimmen. Für steiles Gelände können die Wanderkarren mit einem Motor für den elektrischen Radantrieb bestellt werden. Wanderkarren eigenen sich für mittlere Imkereien mit rund 150 bis 200 Bienenvölkern.

Geländegängige Stapler werden vor allem von Großimkereien mit mehreren Hundert Bienenvölkern eingesetzt. Dabei handelt es sich oft um Eigenentwicklungen auf der Basis von kleinen Baumaschinen, wie z. B. Motorkarren oder Hofschleppern. Die Kunst besteht darin, möglichst handliche, aber leistungsfähige Maschinen zu entwickeln, die wenig Platz auf der Ladefläche in Anspruch nehmen.

Ein Beispiel ist der Raupenstapler der Imkereibetriebe Westerhoff (www.westerhoff-imkereibetriebe.de). Er ist so konstruiert, dass er nicht viel mehr Platz braucht als die Palette, die er bewegt. Geländegängige Stapler können dort bestellt werden.

In den letzten Jahren erfreuen sich geländegängige Kleinsttraktoren der Avant-Serie bei Berufsimkern zunehmender Beliebtheit. Diese mit einem Verbrennungsmotor betriebenen Maschinen wurden für den Garten-

Effektives Beladen

Betrachten Sie das Aufladen, Transportieren und Abstellen von mit Bienen besetzten Beuten immer als einen Prozess, bei dem Transport- und Hebetechnik reibungslos ineinander greifen. Nur so arbeiten Sie flüssig und effizient. Beachten Sie dabei die Kapazitätsgrenzen. Wenn Sie für einen Ladevorgang nur drei Minuten veranschlagen, sind Sie mit 20 Völkern bereits eine Stunde vollauf beschäftigt.

und Landschaftsbau entwickelt. Es gibt eine Vielzahl von Anbaugeräten. Die Traktoren sind aufgrund ihres kleinen Wendekreises auch als Hofschlepper auf dem Betriebsgelände der Imkerei einsetzbar.

Speziell für den Einsatz auf dem LKW gibt es **Ladekräne** in jeder Größe, die fest auf der Anhängerladefläche oder der Pritsche eines Pick-up-Trucks montiert werden. Ausgefahren können die kleinsten dieser Kräne bereits 180 kg tragen, was für den Einsatz in der Imkerei völlig ausreichend ist. Wahlweise können die Ladekräne auch auf eine verstärkte Deichsel montiert werden, sodass sie keinen wertvollen Platz auf der Ladefläche wegnehmen.

Ein speziell für größere Imkereien entwickelter Ladekran ist der Easy Loader, mit dem palettierte Völker mittels eines Auslegers direkt an den Wanderplatz gehoben werden können. Der Transport mit einer Karre oder einem geländegängen Stapler ist dann nicht nötig.

Wer mit palettierten Beuten arbeitet, kann diese nicht mit der Hand an den für sie vorgesehenen Platz einer Ladefläche schieben. In einem solchen Fall muss die Ladefläche des LKWs entweder von den Seiten beladen werden oder der Stapler muss in der Lage sein, auf der Ladefläche zu fahren. Um ihn dorthin zu bringen, ist ein LKW mit **Ladebordwand** nötig.

ERNTETECHNIK

Während der Ernte muss es schnell gehen. Ein bewährtes Hilfsmittel in der Erwerbsimkerei ist das Abfluchten und anschließende Ausblasen der Honigräume. Dazu wird am Tag vor der Ernte eine Bienenflucht zwischen Brutraum und Honigraum eingelegt. Bei der eigentlichen Ernte kommt ein leistungsstarker Laubbläser als Beeblower zum Einsatz.

Beeblower und Kunstschwärme

Imker wenden den Beeblower in der Regel nicht an, wenn sie die Bienen aus den Honigräumen z. B. für die Bildung von Kunstschwärmen verwenden mochten. Dafür werden abgefegte Bienen benutzt. Allerdings gibt es Tüftler, die die Bienen mit dem Bläser in einen Sack oder Kasten aus Netzgewebe oder -gitter pusten, um auf diese Weise Bienen für Kunstschwärme zu gewinnen.

Achten Sie darauf, dass das Gerät Profiqualität hat und von einem Hersteller stammt, der diese auch anbieten kann (z. B. Stihl).

Die abgefluchteten Honigräume werden hochkant auf die Bruträume gestellt. Dann pusten Sie mit dem Beeblower die noch in den Wabengassen sitzenden Bienen heraus. Achten Sie darauf, dass Sie die Bienen in die Luft blasen und nicht etwa ins feuchte Gras. Die Bienen fangen sich in der Luft und fliegen zum Flugloch wieder hinein. Praktiker berichten, dass Sie auf diese Weise 30 Sekunden bis eine Minute brauchen, um die Honigräume bienenfrei zu bekommen. Die nervige Räuberei gibt es nicht, weil Sie mit der Honigernte schon fertig sind, bevor die Bienen realisiert haben, dass es offenen Honig zu naschen gibt.

Die Methode funktioniert prima, wenn sich die Königin nicht durch das Absperrgitter in den Honigraum gequetscht und dort ein Brutnest angelegt hat. Das können Sie erkennen, wenn sich im Honigraum besonders viele Bienen aufhalten und der Honigraum ungewöhnlich gefüllt aussieht. Wenn Sie vorher Bienenfluchten eingelegt haben, dann können Sie den Unterschied zu anderen Völkern nicht übersehen, so voller Bienen sind die Honigräume.

ENTDECKELUNG

In vielen Erwerbsimkereien werden Entdeckelungstische eingesetzt. Auf ihnen werden die Waben von Hand mit einer Gabel oder einem Messer entdeckelt. Das Wachs fällt in eine Wanne, wo der Honig über einem Sieb vom Wachs abtropft. Der Honig kann mittels eines Hahns aus der Wanne abgelassen werden. Es gibt Entdeckelungstische, an denen zwei Helfer arbeiten können.

Andere Imker setzen auch bei der Entdeckelung moderne Technik ein. Dabei kommen Bürsten-, Schlag- oder Schneidemesser zum Einsatz. Bei Bürstenentdecklern wird die zu entdeckelnde Wabe an einer rotierenden Bürste mit Kunststoffbürsten entlanggeführt. Die Bürsten kehren den Deckel von den Waben. Auf diese Weise können auch uneben ausgebaute Honigwaben entdeckelt werden, wenn der Mitarbeiter an der Bürste geschickt vorgeht.

Bei Entdecklern mit Schlagmessern wird die Wabe mittels einer Transportkette durch eine Einheit der Maschine geführt, bei der an einer Kette aufgehängte Messer an der Wabenaußenseite entlangstreichen und die Deckel anritzen. Das genügt, um den Honig nachher aus den Waben schleudern zu können.

Endeckler mit Schneidemesser arbeiten ähnlich wie ein beheiztes Endeckelungsmes-

Diese Entdeckelungsmaschine schneidet die Deckel mithilfe von beheizten Messern ab.

ser. Dabei werden die Rähmchen mittels einer Transportkette zwischen zwei mit Dampf beheizten Messern hindurchgeführt. Scharfe und heiße Zähne schneiden und schmelzen die Deckel großzügig ab. Rund ein Drittel der Honigausbeute landet zunächst zusammen mit dem Entdeckelungswachs in Hobbocks, die unter der Entdeckelungsmaschine stehen. Im nächsten Arbeitsschritt muss der Honig vom Wachs getrennt werden.

Berufsimker, die ausschließlich unbebrütete Waben verarbeiten, entdeckeln sie mit einem Heißluftföhn, wie er für das Abbrennen von Farbe benutzt wird. Diese Methode ist auch bei Hobbyimkern verbreitet. Für Imker, die mit dem Honig auch Wachs ernten wollen, ist diese Methode allerdings nicht geeignet.

2/3-Rähmchen

Wenn Sie 2/3-Rähmchen (z. B. Langstroth, Zander oder Normalmaß) für den Honigraum verwenden, können Sie doppelt so viele Rähmchen in einem Durchgang schleudern, wenn Sie eine Schleuder für Dadant-Rähmchen benutzen. In eine Dadant-Wabentasche passen zwei 2/3-Rähmchen.

SCHLEUDER

Die Schleuder ist das zentrale technische Gerät in der Imkerei. Sie hat einen hohen emotionalen Wert und darf daher gern etwas größer ausfallen. In der Praxis ist alles ab einer Sechs-Waben-Schleuder aufwärts vertreten.

Radialschleudern können eine große Anzahl an Waben fassen. Da die Rähmchen sternförmig zur Achse stehen, werden sie auch als Sternschleudern bezeichnet. Die großen Exemplare fassen bis zu 66 Flachzargen-Rähmchen und arbeiten mit bis zu 400 U/min (Lega, Schleuder 521066 DB). Der Honig in den Zellen wird durch den Luftzug angesaugt, der bei der Drehung zwischen den eng stehenden Waben entsteht. Er fließt an der Wabenoberfläche herunter. Sobald er die hölzernen Rähmchenseiten erreicht hat, wird er an den Kesselrand geschleudert. Bis die Waben entleert sind, dauert es 20 bis 25 Minuten. Es bleibt ein Rest Honig in den Zellen.

Schneller und gründlicher arbeiten Tangentialschleudern, die jedoch deutlich weniger Rähmchen fassen können. In fünf Minuten ist in der Regel ein Durchgang beendet. Um sich das umständliche Drehen der Waben bei jedem Schleudergang zu ersparen, verwenden Erwerbsimker Selbstwendeschleudern. Dabei stehen die Rähmchen in so genannten Pendelkörben, die die Rähmchen bei jedem Richtungswechsel des Korbs automatisch wenden. Sie stehen dann entweder links oder rechts vom Gitterrahmen des Korbs. Mit den meisten Tangentialschleudern können verschiedene Rähmchenmaße geschleudert werden.

Profischleudern verfügen über eine Programmautomatik. Das heißt, dass die Schleuder beschickt wird und das Gerät dann ohne zusätzliche Eingriffe bis zum Ende eines Schleuderzyklus durcharbeitet. In der Regel können mehrere Programme eingestellt werden. Für zähe Honigsorten mit einem niedrigen Wassergehalt werden längere Programme gebraucht als z. B. für den vergleichsweise dünnflüssigen Robinienhonig. Besonders bei Radialschleudern ist eine Programmautomatik unentbehrlich, da eine zu schnelle Drehung der Waben dazu führen kann, dass die unbebrüteten Honigraumwaben zerbrechen.

Empfehlenswert sind Schleudern mit zwei in verschiedener Höhe angebrachten Ablaufhähnen. Während des Schleuderns bleibt

Haushaltsspülmaschinen fassen mit ihren zwei Körben mehr Gläser als gewerbliche Spülmaschinen.

der unterste Hahn stets geschlossen. So bildet sich unten im Boden der Schleuder eine Honigschicht, die ähnlich der Betonplatte in einer Waschmaschine stabilisierend wirkt. Erst wenn Sie die letzte Wabe einer Honigsorte geschleudert haben, öffnen Sie den tiefer sitzenden Hahn und entleeren die Schleuder völlig. Wenn Sie so vorgehen, können Sie meistens auch darauf verzichten, die Schleuder fest am Fußboden anzuschrauben.

RÜHRWERK

Auf ihren Cremehonig sind viele professionelle Imker stolz. Seine Herstellung ist möglich, weil sie ihren Honig mit einem Rührwerk bearbeiten, das den Honig in vorher festgelegten Abständen mittels Zeitschaltuhr oder Steuerung rührt. Es gibt Fässer in Größen zwischen 50 und 1000 kg Fassungsvermögen.

Achten Sie darauf, dass das Rührgefäß beheizbar ist. Zu diesem Zweck gibt es Bodenheizungen, die Sie auch nachträglich am Boden des Fasses anbringen können. Das ist unbedingt empfehlenswert, denn im Rührgefäß hart gewordener Honig kann sich sonst zu einem Alptraum entwickeln.

Denken Sie auch daran, dass ein Rührfass auch eine zu ihm passende technische Umgebung braucht. Dazu gehören z. B. Honigpumpen, die den flüssigen Honig in das Fass pumpen oder den cremigen in die Abfüllmaschine. Viele Imker stellen die Rührfässer auf Hebebühnen oder haben hinter dem Rührwerk eine Tribüne gebaut, um den Honig in das Gerät kippen und um beurteilen zu können, ob der Honig schon ausreichend gerührt ist oder noch einige Zeit bis zur Spitzenqualität benötigt.

SPÜLMASCHINE

Gläser müssen vor der Befüllung gewaschen werden. Eine Ausnahme bilden Gläser, die frisch vom Glashändler kommen und noch eingeschweißt auf der Palette gestapelt sind. In der Lebensmittelindustrie werden solche Gläser sofort verwendet und nur mit Pressluft ausgeblasen. Stehen die Paletten hingegen mehrere Wochen lang offen im Glaslager, müssen auch diese Gläser gespült werden. Rücklaufgläser, die Ihnen Ihre Kunden zurückgeben, müssen ebenfalls gespült werden. In professionellen Imkereien finden

Sie gewerbliche Spülmaschinen ebenso wie Haushaltsspülmaschinen.

Gewerbliche Spülmaschinen heizen sich erst rund 15 min auf und sind dann in der Lage, innerhalb weniger Minuten einen Korb zu reinigen. Dabei gibt es je nach Bedarf verschiedene Körbe, z. B. für Gläser. In ihnen lassen sich die Gläser schräg abstellen, sodass das Waschwasser komplett abläuft und sie schnell und sauber trocknen. In ebenen Körben würde ein Tropfen auf der Innenseite des Bodens bleiben und mit einem hässlichen Fleck abtrocknen.

Gewerbliche Spülmaschinen haben für Klarspüler und Reinigungsmittel integrierte Vorratsbehälter, sodass nicht vor jedem Waschgang eine Portion Spülmittel eingefüllt werden muss. Eine gewerbliche Spülmaschine ist empfehlenswert, wenn schnell große Mengen Gläser gereinigt werden müssen. Größere Gefäße, wie z. B. Hobbocks, passen nicht in den Spüler, denn konstruktionsbedingt ist die Klappe kleiner als in Haushaltsspülmaschinen. Wer große Gefäße maschinell reinigen will, kann zu einer speziellen Spülmaschine für Töpfe greifen.

Haushaltsspülmaschinen haben zwei Körbe. Mit ihnen können in einem Spülgang mehr Gläser gereinigt werden als in einem gewerblichen Modell. Allerdings ist das nicht in 5 Minuten erledigt, sondern benötigt je nach Programm mindestens eine Stunde. Es gibt Spülmaschinen der gehobenen Preisklasse, die über ein Kurz- oder Party-Programm verfügen, und bei denen sich der obere Spülkorb für größere Stücke entfernen lässt. Dadurch passen auch Hobbocks und kleinere Entdeckelungsgeschirre in die Spülmaschine.

Haushaltsspülmaschinen arbeiten mit geringerer Hitze, sodass Wachsreste das Sieb am Boden verstopfen und später bei einem folgenden Waschgang als Krümel an Gläsern kleben bleiben können.

Als Ergänzung zur Spülmaschine ist eine professionelle Spüle aus dem Gastronomiebedarfshandel mit extratiefem Becken und mit einer Brause sinnvoll. In ihr können größere Eimer und wachs- und honigverschmierte Geräte eingeweicht oder abgebraust werden.

WACHS- UND HONIGTRENNUNG

Nicht nur der Honig aus dem Entdeckelungsgeschirr oder der Entdeckelungsmaschine ist ein Wachs-Honig-Gemisch, das getrennt werden muss. Auch für den frisch aus der Schleuder laufenden Honig gilt das.

In größeren Imkereien dauert es beim Schleudern zu lang, den Honig durch Doppelsiebe laufen zu lassen, wie es in kleinen und Hobbyimkereien noch geschieht. Die Siebe verstopfen schnell und müssen umständlich mit einem Schaber gereinigt werden. Diese Methode ist zudem so grob, dass der Honig noch einmal abgeschäumt werden muss. Daher werden in der Praxis folgende Geräte eingesetzt.

Klärfässer

Viele Berufsimker geben das Wachs-Honig-Gemisch in ein Fass und lassen es über Nacht stehen. Durch die unterschiedlichen spezifischen Gewichte von Honig und Wachs setzt sich das Wachs oben auf dem Honig ab. Der Honig wird nach der Klärung abgelassen und eingelagert. Nach dieser Methode funktionieren auch Klärfässer. Das sind beheizbare Kessel, die es ermöglichen, das Wachs-Honig-Gemisch bei konstant 35 °C warmzuhalten. Das Wachs wird nach zwei Tagen einfach abgeschöpft.

Entdeckelungswachsschmelzer

Bei diesen Geräten werden aus dem bereits abgetropften Wachs die noch anhaftenden Honigreste gewonnen. Dazu gibt man das honigfeuchte Entdeckelungswachs in einen Behälter. Das Wachs wird mit Wärme bestrahlt. Damit die heiße Luft besser umgewälzt wird, verfügen manche Behälter noch über ein integriertes Gebläse. Das verflüssigte Wachs und der dünn gewordene Honig tropfen durch ein Gitter auf den Boden des Geräts. Von dort können sie abgelassen werden. Wenn die Mischung ausgekühlt ist, kann vom Honig eine Platte aus Wachs abgenommen werden.

Obwohl die Anbieter etwas anderes versprechen, ist der so gewonnene Honig oft von einer deutlich dunkleren Farbe als der geschleuderte. Wahrscheinlich wäre es am ehrlichsten, ihn als wärmegeschädigten Backhonig zu verkaufen. Sich im Entdeckelungswachs befindliche Teile, die sich nicht verflüssigen lassen, wie z. B. Propolis, Holzteile von Rähmchen oder tote Bienen, werden unter der fortgesetzten Wärmezufuhr auf der Oberfläche des Wachshaufens im Schmelzer erhitzt und beginnen zu stinken.

Der Korb der Honigzentrifuge wird mit Entdeckelungswachs gefüllt und der Honig durch die Zentrifugalkraft vom Wachs getrennt.

Honigzentrifugen

Honigzentrifugen bestehen aus einem Korb aus feinmaschigem Draht, der sich ähnlich wie eine Schleuder in einem Kessel dreht. Der Korb wird mit Entdeckelungswachs gefüllt. Dann wird die Zentrifuge in Gang gesetzt und der am Wachs anhaftende Honig wird mit 1500 U/min. durch die Zentrifugalkraft an die Kesselwand geschleudert. Dort fließt er wie bei einer Schleuder ab. Es sind oft mehrere Körbe im Einsatz, sodass immer neue Körbe gefüllt werden können, während sich noch ein Korb in der Zentrifuge dreht. Die Körbe werden mit verschieden eng gewobenen Draht- oder Nylonnetzen angeboten. Das feinste Geflecht kann auch dazu benutzt werden, Heidehonig zu reinigen. Dieser sehr zähe Honig läuft nicht oder nur schwer durch Spitzsiebe.

Honigsumpf

Der Honigsumpf ist eine Wanne mit mehreren Kammern. Die einzelnen Kammern werden durch vertikal stehende Siebe voneinander getrennt. Der frisch geschleuderte Honig läuft direkt in den Sumpf und füllt ihn bis zu einem Pegelstand wenige Zentimeter unter dem Rand der Wanne. Das Wachs sammelt sich oben und kann regelmäßig abgeschöpft werden. Der Honig läuft durch die Siebe und fließt am Ende des Sumpfs sauber ab. Die Siebe können nicht verstopfen, weil die an ihnen hängenden Wachsteilchen immer nach oben schweben und sich an der Oberfläche sammeln.

Honigsümpfe, auch Klärbecken genannt, gibt es in verschiedenen Bauarten. Der französische Hersteller Thomas hat einen Honigsumpf auf den Markt gebracht, bei dem das Wachs-Honig-Gemisch auf heiße Rohre tropft. Das Wachs schmilzt und sammelt sich als Flüssigkeit auf dem Honig im Sumpf. So verflüssigt, kann es getrennt abgelassen werden. Bei anderen Herstellern wie z. B. Graze sind die dem ersten Sieb (Grobsieb)

Das Wachs-Honig-Gemisch tropft bei diesem Modell auf heiße Rohre. Das Wachs schmilzt und sammelt sich auf dem Honig, der aus dem Behälter abgelassen werden kann.

folgenden Siebe als Schikanen gestaltet. Sie sind abwechselnd unten und oben an der Kesselwand befestigt, sodass der Honig wie durch einen Siphon laufen muss und dadurch besonders gut geklärt werden soll. Schließlich gibt es beheizte Honigsümpfe mit einer doppelwandigen Wanne, in denen erhitztes Öl oder Wasser für eine gleichmäßige Temperaturzufuhr sorgen. Andere Hersteller begnügen sich mit einer Heizschlange, die sich in der ersten Kammer im Honig befindet.

Wachspresse

Eine weitere Möglichkeit ist der Einsatz einer Wachspresse. Diese funktioniert nach dem Prinzip der Schneckenpresse, bei der das Pressgut durch immer enger werdende Windungen einer Schnecke geführt wird. Die Schnecke dreht sich in einer Hülse aus Lochblech, durch deren Löcher der Honig fließen kann, während das Wachs in den Windungen bleibt. Am Ende fallen kompakte Wachswürste aus der Presse. Der Honig tropft von der Lochblechhülse in eine mit einem Sieb abgedeckte Wanne.

Wachspressen für Honig unterscheiden sich dadurch von ähnlichen Modellen für die Saftgewinnung, dass das Blech größere und vor allem längliche Schlitze hat statt runder Löcher. Eine solche Wachspresse können Sie auch dafür verwenden, Wabenbruch oder Scheibenhonig auszupressen. Die Wachswürste können nachher eingeschmolzen werden.

Honigpumpen transportieren den Honig in Lagergefäße. Manche Modelle können aber auch zur Produktion von Cremehonig eingesetzt werden.

HONIGPUMPEN

Honigpumpen werden in der Imkerei benutzt, um frisch geschleuderten Honig in Klär- oder Lagergefäße zu pumpen. Es gibt eine Vielzahl verschiedener Pumpen für den Einsatz in der Imkerei. Sie arbeiten aber in der Regel alle nach dem Impeller-Prinzip. Das heißt, dass ein Flügelrad den Honig durch die Pumpe schaufelt. Viele Imker nutzen diese Pumpen, um dem Honig eine cremige Konsistenz zu verleihen. Sie pumpen den Honig zwischen zwei Lagergefäßen hin und her, sodass er gründlich durchmischt und dadurch cremig wird. Achten Sie darauf, dass die Teile, die mit Honig in Berührung kommen (besonders das Pumpengehäuse) leicht zerlegbar und damit gut zu reinigen sind.

Ein Sonderfall sind Honigabfüllmaschinen wie z. B. der Nassenheider Fill-up oder DANA api Matic. Diese pumpen Honig in die darunter gestellten Geräte. Sie können aber auch die Funktionen einer klassischen Honigpumpe erfüllen.

IMKEREIFAHRZEUG

In der Imkerei gibt es immer Dinge zu transportieren: Beuten mit und ohne Bienen, Bauholz oder Honig. Vielen Imkern dient das Imkereifahrzeug auch als Übernachtungsgelegenheit während der Wanderung. Oft wird es nicht auf ebenen Straßen, sondern auch im Gelände bewegt. Das heißt, dass die Ansprüche an das Fahrzeug in der Imkerei sehr unterschiedlich sind. Im Idealfall sollte es genug Platz für die größten Transportaufgaben haben. Es sollte geländegängig und schnell genug sein. Darüber hinaus sollte es als gute Zugmaschine für schwere Anhänger dienen.

Allerdings werden Imkereifahrzeuge oft nur wenige Tage im Jahr für die Wanderung gebraucht und stehen die meiste Zeit nur herum. Das unterscheidet sie von den Fahrzeugen anderer Gewerbe, nicht jedoch von denen der übrigen Landwirtschaft. Während Landwirte jedoch in Maschinenringen ihre Maschinen gemeinsam nutzen, ist das bei Imkern meist nicht der Fall. In der Praxis entscheiden sich die meisten Berufsimker für eine der folgenden drei Varianten. Die allermeisten kaufen sich ein gebrauchtes Fahrzeug.

Geländewagen mit Anhänger

Ein Geländewagen mit Anhänger eignet sich besonders für kleinere und mittlere Berufsimkereien, die mit 50 bis 70 Bienenvölkern auf Wanderung gehen. Zwar sind SUVs gegenwärtig sehr beliebte Fahrzeuge, doch in der Praxis finden sie sich eher seltener vor imkerlichen Gespannen. Der Grund: Im Grunde handelt es sich um PKW mit einem entsprechend klein dimensionierten Kofferraum. Doch neben den Völkern müssen bei einer Wanderung auch eine Wassertränke, eine Kiste für Gurte, eine Transportkarre und verschiedene Werkzeuge verstaut werden. SUVs haben dafür in der Regel zu wenig Platz. Außerdem funktionieren die Assistenzsysteme, die die schlechte Sicht aus den SUVs heraus kompensieren sollen, mit einem Anhänger nur noch eingeschränkt. Bewährte Fahrzeuge aus der Kategorie der Geländewagen sind z. B. der Subaru Forester oder der Jeep Wrangler.

Kastenwagen

Vielseitig sind Kastenwagen, die es in der größeren Variante als Minibus oder in der kleineren als sogenannter „Hundefänger" gibt. Sie sind besonders für Imker geeignet, die nicht nur nach einem Fahrzeug für die Wanderung, sondern auch für Lieferfahrten oder zur Beschickung von Märkten suchen. Möchten Sie dieses Fahrzeug für die Wanderung verwenden, so achten Sie auf Heckfenster, an denen sich abfliegende Bienen sammeln können. Von Vorteil ist eine sogenannte Leiterklappe, die ausgestellt werden kann. So sorgen Sie für eine gute Belüftung des Laderaums, die bei der Wanderung unverzichtbar ist. Außerdem fliegen im Laderaum umherschwirrende Bienen durch die Klappe aus.

Ist die Ladefläche leer, so lässt es sich auf ihr auch sehr gut übernachten. Manche Imker lassen sich zudem eine Standheizung einbauen, um es ganz komfortabel zu haben. Da die meisten serienmäßig gebauten Kastenwagen für den Lieferverkehr genutzt werden, sind sie nicht geländegängig und schon mit aufgeweichten, unbefestigten Waldwegen überfordert. Abhilfe schaffen vorher aufgezogene Schneeketten oder eine Umrüstung zum geländegängigen Transporter. Diese schlägt allerdings mit rund 20 000,– € zu Buche. Bewährte Fahrzeuge dieser Kategorie sind z. B. die Transporter von Volkswagen oder der Sprinter von Mercedes-Benz.

Pritschenwagen

Wer viele Völker oder große Lasten wie z. B. einen geländegängigen Stapler transportieren möchte, fährt mit einem Pritschenwagen am besten. In der Regel dürfte ein 7,5-t-LKW mit Plane auch für größere Imkereien aus-

Kleinere Kastenwagen werden auch als „Hundefänger" bezeichnet.

Falls Sie den LKW nicht ständig benötigen, kann die Miete eines entsprechenden Fahrzeugs kostengünstiger sein.

reichend sein, die mit palettierten Bienenvölkern unterwegs sind. Durch die Plane sind die Beuten während der Wanderung wettergeschützt und doch gut belüftet. Die meisten Imker entscheiden sich für die Variante mit Doppelkabine. Die zweite Sitzreihe dient ihnen als Kofferraum und als Schlafgelegenheit. Es gibt Modelle mit herunterklappbaren Liegen, die für Fernwanderungen ideal sind.

Geländegängigkeit ist bei diesem Fahrzeugtyp eher die Ausnahme. Wer jedoch gezielt danach sucht, wird bei Fahrzeugen aus Bundeswehrbeständen fündig. Sie sind zudem in der Regel gut gepflegt und wenig gefahren. Wer auch in innerstädtischen Gebieten fahren will, sollte bei älteren Fahrzeugen auf die Farbe der Umwelt-/Feinstaubplakette achten. Bewährte Fahrzeuge dieser Kategorie sind z. B. der Atego von Mercedes-Benz oder der TGL von MAN.

Was kostet das alles?

Viele Anfänger unterschätzen die Investitionen, die mit der Berufsimkerei verbunden sind. Diese Aufstellung gibt Ihnen einen Überblick über die zu erwartenden Kosten. Sie stammt aus einer niedersächsischen Erwerbsimkerei mit 200 Bienenvölkern. Die Betriebsgebäude in diesem Beispiel wurden vorher von einer Tischlerei genutzt und mussten vor der Eröffnung für den Bedarf einer Imkerei umgebaut werden.

INVESTITIONEN IN EINE BERUFSIMKEREI

Räume und Geräte	Anschaffungspreis in Euro
Gebäude	
Schleuderraum	15 000
Lager	5000
Verkaufsraum	5000
Wachsküche	5000
Büro	3000
Bienenhaltung	
200 Magazine	14 000
Rähmchen	5280
Absperrgitter	800
Bienenfluchten	1600
Sonstiges	1000
Honiggewinnung	
Entdeckelungsgeschirr	800
2 Honigschleudern	7000
Siebe	1500
Honigeimer	1200
Rührgerät	2300
Abfüllkübel	800
Lagerbehälter	2700
Abfüllmaschine	1400
Wärmeschrank	350
Stippmaschine	2700
Zentrifuge	2300
Honigpumpe	1400

Räume und Geräte	Anschaffungspreis in Euro
Wachsverarbeitung	
Wachsschmelzer	800
Mittelwandgießform	800
Waage	600
Sonstige Geräte	
Werkzeuge	1600
Mobiliar	1800
Computer/Drucker	2500
Kästen für die Nachzucht	1500
Kasse	100
Spülmaschine	900
Gläserbestand	3600
Paletten	500
Hebegerät	2500
Waage	1000
Fahrzeuge	
PKW	23 000
Verkaufsanhänger	14 500
Transportanhänger (klein)	2300
Transportanhänger (groß)	7000
Summe	**145 130**

Erleichtern Sie sich die Arbeit!

Erwerbsimker imkern anders. In diesem Kapitel erhalten Sie einige Hinweise, wie erwerbsorientierte Imker Ihre Bienenvölker führen.

Wie bei den Hobbyimkern gibt es keine Betriebsweise, die von allen Imkern praktiziert wird. Genauso wenig gibt es das eine Rähmchenmaß, das alle oder die allermeisten Berufsimker nutzen. Wie in der Hobbyimkerei kommt hier von Deutsch Normalmaß bis Dadant alles vor. Wer also nach der geheimen Erfolgsmethode der Berufsimker sucht, der wird sie nicht finden.

Es gibt allerdings einige Prinzipien, die in den meisten professionellen Imkereien angewandt werden. Sie beruhen auf praktischen Erfahrungen und machen es erst möglich, größere Völkerzahlen so zu bearbeiten, dass sie weder schwärmen noch beim Honigertrag schwächeln. Wie diese Prinzipien aussehen und was die Vorteile sind, lesen Sie in diesem Kapitel.

Erwerbsimker führen ihre Völker anders als Hobbyimker.

Mithilfe von Kennzahlen können Sie abschätzen, wie lang bestimmte Arbeiten dauern werden.

Verschaffen Sie sich einen Überblick!

In der Berufsimkerei ist Zeit eine knappe Ressource. Sie müssen genau wissen, was Sie in einem bestimmten Zeitfenster schaffen können. In der Hobbyimkerei wird hingegen vielfach nach dem Motto gearbeitet, dass dem Glücklichen keine Stunde schlägt. Erwerbsimker müssen hingegen genau wissen, wie schnell sie arbeiten. Sie müssen wissen, was sie an einem Tag schaffen können, damit sie Ihre Arbeitstage sinnvoll und effektiv gestalten können.

Erschwerend kommt hinzu, dass die Planung extrem wetterabhängig ist. Als Erwerbsimker brauchen Sie in der Saison für jeden Tag einen Gutwetter- und einen Schlechtwetter-Arbeitsplan, der so gestrickt sein muss, dass Ihr Betrieb läuft. Das alles gelingt nur, wenn Sie mit Kenn- oder Faustzahlen arbeiten. Diese bilden die verschiedensten Geschäftsvorfälle und -vorgänge ab. Typische Vorgänge für Kennzahlen sind zum Beispiel:

- Ein Kunde bezahlt seine Rechnung innerhalb der angebotenen Zahlungsfrist.
- Ein Mitarbeiter meldet sich krank oder in den Urlaub ab.
- Sie haben Wachs zur Umarbeitung geschickt und warten auf die fertigen Mittelwände.
- Ein Kunde bestellt Ware und möchte diese innerhalb eines bestimmten Zeitfensters geliefert bekommen.

Kennzahlen für alle Vorgänge

Überziehen Sie Ihre Imkerei mit einem Geflecht von Kennzahlen. Versuchen Sie vor allem zu ermitteln, wie viel Zeit Sie für eine bestimmte Tätigkeit benötigen und überlegen Sie sich, wie Sie diesen Geschäftsvorfall in einem Betrag festhalten können, was er Ihnen also bringt oder was er Sie kostet. Auf diese Weise lernen Sie Ihre Imkerei immer besser kennen. Nutzen Sie alle Zahlen, die in Ihrer Imkerei ohnehin ermittelt werden, wie z. B. Zahlen aus der Buchhaltung oder aus der Warenwirtschaft.

- Der Wetterbericht prognostiziert für die nächsten Tage Regenwetter. Sie wollten eigentlich Honig ernten.
- Die ersten Drohnen sind da. Sie möchten mit der Nachzucht von Königinnen beginnen.
- Ein potenzieller Kunde meldet sich und hat Interesse an Ihrem Angebot.
- Ein Marktbetreiber bietet Ihnen einen Standplatz an und Sie vereinbaren mit ihm einen Probeverkaufstag, um den Markt und das Publikum kennenzulernen.

In all diesen Fällen helfen Ihnen Kennzahlen. Sie müssen allerdings erhoben, gemessen, eingeführt und ausgewertet werden. Die auf diese Weise gewonnenen Erkenntnisse helfen Ihnen, Ihre Imkerei zu planen und zu steuern.

Sie wissen z. B., dass Sie im Januar das Futter für die kommende Saison bestellen müssen, um am Gemeinschaftseinkauf der Berufsimker teilhaben zu können. Zu diesem Zeitpunkt müssen Sie für die notwendige Abschlagszahlung liquide sein. Das sind Sie nur, wenn Sie folgende Kennzahlen im Blick haben: Futterbedarf pro Bienenvolk, Preis des Bienenfutters, durchschnittlicher Rechnungsbetrag im Dezember, Anzahl der gestellten Rechnungen im Dezember sowie die Zeit, die Ihre Kunden brauchen, um die Rechnungen zu bezahlen. Das heißt, dass Sie dann ausrechnen können, wann Sie ihre Rechnungen spätestens stellen müssen.

Wenn Sie bemerken, dass Abweichungen von den Kennzahlen auftreten, können Sie gegensteuern. Sie können z. B. das Zahlungsziel verkürzen und so Ihre Kunden zu einer schnelleren Bezahlung anregen. Sie können kurzfristig Wachs verkaufen oder Geld umbuchen.

Ein anderes Beispiel: Sie haben an einem Außenstand Ableger zur Begattung aufgestellt. Die Königinnen sind vor zehn Tagen geschlüpft und müssten inzwischen in Eilage sein. Sie haben am Vormittag noch etwas Luft und fragen sich, ob Sie bis zum nächsten Termin zu dem Stand fahren können und die betreffenden 30 Ableger durchschauen können. Sie wissen, dass Sie 40 min reine Fahrtzeit haben und dass Sie 5 min brauchen, um am Stand arbeitsfähig zu sein. Außerdem wissen Sie, dass Sie 2 min pro Ableger für die Kontrolle brauchen und noch einmal 5 min für das Wegräumen Ihrer Gerätschaften. Wenn Sie die Zahlen alle zusammenrechnen, dann kommen Sie auf 110 min. Nun rechnen Sie noch einen Puffer von rund 25 % ein, dann kommen Sie auf rund 140 min.

Ein letztes Beispiel: Sie haben schon einige Erfahrung mit Marktständen gemacht und sich folgende Faustzahlen zurechtgelegt. Die Marktgebühr darf 10 % vom Umsatz betragen, aber nicht mehr als 40,– € netto pro Tag. Pro Stunde müssen mindestens zehn 500-g-Gläser verkauft werden. Das sind mindestens 60,– € Umsatz pro Stunde. Wenn Sie diese Kennzahlen nicht erreichen, dann lohnt sich dieser Markt nicht.

Optimieren Sie Abläufe!

Sobald sich Ihre Imkerei auf eine bestimmte Größe eingependelt hat und Ihr Kundenstamm stabil ist, hat sie die Kinderkrankheiten eines Start-ups überstanden. Viele Geschäftsvorgänge laufen mittels eines Kennzahlensystems automatisch. Sie bestellen z. B. Gläser nach, wenn ihr Glasbestand unter eine bestimmte Kennzahl sinkt. Genauso füllen Sie Honig ab, wenn von einer Sorte Honig nur ein Restbestand in Gläser verpackt im Lager liegt. In der Betriebswirtschaft werden diese Prozesse als Regelstrecke beschrieben, an der entlang sich verschiedene Geschäftsvorfälle ereignen.

Was entlang der Regelstrecke geschieht und wer welche Aufgabe zu übernehmen hat, ist in größeren Unternehmen in Aufgabenbeschreibungen, Ablaufdiagrammen oder Handbüchern festgelegt. In kleineren Betrieben steckt das in den Köpfen der Mitarbeiter. Leider gibt es entlang der Regelstrecke immer wieder Störungen. Viele davon sind nicht planbar, wie Wetterkapriolen, eine defekte Maschine (Ausfall einer Schleuder), oder die Palette mit den Gläsern fällt dem Spediteur aus 1,50 m Höhe von der Ladebordwand.

Was das konkret für Ihre Prozesse bedeutet, erfahren Sie aus den Kennzahlen. Sie sind z. B. wegen der defekten Schleuder nicht in der Lage, die Honigräume zu leeren und sofort wieder einzusetzen. Gut, wenn Sie wissen, dass Sie für jedes Wirtschaftsvolk zwei

Fällt die Palette mit den Gläsern von der Ladebordwand, kann das die Abläufe in der Imkerei empfindlich stören.

KURZINTERVIEW MIT DR. ULRIKE KLÖBLE*

Wozu brauchen Imker Faustzahlen? Die Imkerei ermöglicht Existenzgründern einen Start in der Landwirtschaft, auch wenn sie nicht über eigenes Land verfügen. Sie können ein gutes Einkommen realisieren und das ganz ohne Prämien, wie in der übrigen Landwirtschaft. Manchmal haben diese Gründer falsche Vorstellungen und gründen ins Blaue hinein. Unsere Daten geben ihnen Planungskennzahlen an die Hand, die bewährt und aufgrund unserer anerkannten Methodik auch vollständig sind.

Wie wurden die Werte ermittelt? Wir haben den Imkermeister Gerhard Moll, Leiter der Härtsfelder Imkerschule bei Aalen, beauftragt, mit seinen Meisterschülern Daten zur Arbeitszeit und zum Investitionsbedarf in der Imkerei zu ermitteln. Existenzgründer können so Kennzahlen für eine Imkerei z. B. mit 50 oder 100 Völkern recherchieren.

Wie funktioniert das genau? Gehen Sie im Internet auf www.ktbl.de. Melden Sie sich rechts oben an. Klicken Sie auf Tierhaltung / Online-Anwendungen / Wirtschaftlichkeitsrechner Tier (Honigbienen). Dann gelangen Sie zu einer Tabellenkalkulation. Sie finden da einen Vorschlag, den Sie entsprechend Ihren Bedürfnissen und Vorstellungen ändern können. Jede Imkerei ist ja anders.

Die Werte stammen ursprünglich von 2009. Sind sie noch aktuell? Wir haben seit 2009 diese Daten regelmäßig aktualisiert. Mittlerweile können wir bis zu 300 Völker kalkulieren. Mit dem Berufsimker Jan Dirk Bunsen bringen wir die Zahlen jährlich auf den neuesten Stand. Die Angaben können geändert werden, wenn der Nutzer z. B. niedrigere Lohnkosten hat oder höhere Honigpreise erzielen kann.

Was kostet das Angebot? Unser Online-Angebot ist kostenfrei. Wir sind eine vom BMEL institutionell geförderte Einrichtung mit dem Auftrag, Wissen über die Landwirtschaft zu verbreiten. In unserer Veröffentlichung „Faustzahlen für den ökologischen Landbau“ (2015) finden Sie weitere Informationen über die Imkerei, die dieses Angebot ergänzen. Es kann beim KTBL für 30,– € plus Versand bestellt werden.

*) Teamleiterin Ökonomie und Ökologischer Landbau und stellvertretende Hauptgeschäftsführerin des Kuratoriums für Technik und Bauwesen in der Landwirtschaft e. V. (KTBL)

KTBL-Faustzahlen

Nutzen Sie die KTBL-Faustzahlen, um Ihre Imkerei und den dafür nötigen Zeit- und Kapitalbedarf zu planen. In den Faustzahlen für den ökologischen Landbau finden Sie sehr detaillierte Zeitangaben. Daraus geht z. B. hervor, dass Sie für das Entdeckeln und Schleudern des Honigertrags eines Bienenvolks pro Jahr mit 35 min rechnen können. Das Sieben benötigt 18 min, das Abfüllen 45 min. Zusammen mit anderen Arbeiten benötigt die Honiggewinnung pro Bienenvolk 186 min, also gut 3 h von der Wabe im Honigraum bis zum verkaufsfertigen Glas.

KTBL-Faustzahlen in der Imkerei für eine ökozertifizierte Imkerei (Auswahl)

Art	Faustzahl
Arbeitszeitbedarf pro Volk und Durchgang (Jahr)	8,13 h
Honigertrag pro Volk und Jahr	45 kg
Wachsertrag pro Volk und Jahr	1 kg
Futterbedarf pro Volk und Jahr	20 kg
Medikamente pro Volk und Jahr	4,– €
Erstellungskosten neuer Gewerbebau	600,– €/m²

Stand: 2017

Honigräume brauchen und entsprechend vorgesorgt haben. Sie sind darum in der Lage, in die Regelstecke einzugreifen und Ihre Abläufe neu zu planen.

Es kommt also auf Sie als imkerlichen Unternehmer an. Sie sind nicht nur der Arbeiter in Ihrem Betrieb, sondern der Manager. Ihre Aufgabe ist es nicht nur, bei Störungen entlang der Regelstrecke sofort einzugreifen und das „Feuer auszutreten". Mindestens genauso wichtig ist es, ständig die Kennzahlen im Blick zu behalten und im genannten Beispiel dafür Vorsorge zu treffen, dass stets genug Material da ist, um den Betrieb am Laufen zu halten.

Selbstgebaute Beuten

Berufsimker, die nicht in Styroporbeuten imkern, bauen sich meistens ihre Holzbeuten selbst. Dabei achten sie darauf, dass diese glatt quaderförmig sind. Nichts soll abstehen. Dagegen werden die Beuten, die im Imkereifachhandel angeboten werden, vor allem für Hobbyimker gebaut. Sie genügen daher den Anforderungen einer professionellen Wanderimkerei oft nicht. Sie sind zu schwer zu greifen, zu schwach verleimt, zu schlecht verschraubt oder zu dünnwandig. Oft haben sie noch Leisten, Kläppchen, Haken und Schienen, die im rauen imkerlichen Einsatz abreißen oder Ursache von Verletzungen sein können.

FÜHREN SIE IHRE VÖLKER MIT UNGETEILTEM BRUTRAUM!

In den Anfängerschulungen wird gelehrt, Bienenvölker mit einem zweizargigen Brutraum und einem Honigraum zu führen. Doch in der Praxis bedeutet das, dass z. B. bei der Völkerkontrolle alle Zargen bis hinab zum Boden abgehoben, neben der Beute aufgestapelt und nach der Kontrolle wieder aufeinandergestellt werden müssen. Das ist enorm zeitaufwendig.

Erwerbsimker führen ihre Völker daher in der Regel auf nur einem Brutraum. Sie wissen, dass das völlig ausreichend ist. Während Hobbyimker, die das ebenfalls praktizieren, gern darauf verweisen, dass es bei wildlebenden Bienenvölkern auch keine Teilung des Brutnests gibt, spielt dieser Aspekt bei Erwerbsimkern keine Rolle.

Berufsimker stützen ihre Betriebsweise auf folgende Erkenntnisse: Eine Bienenkönigin legt rund 2000 Eier pro Tag. Eine Arbeite-

Vor- und Nachteile einräumiger Völkerführung

Vorteile	Nachteile
• Es wird weniger Material gebraucht. • Die Völker lassen sich schneller bearbeiten. • Es kann mehr Honig geerntet werden. • Bei Wanderungen sind die Beuten leichter und lassen sich höher stapeln.	• Die Völker können schneller in Schwarmstimmung kommen. • Der Honigvorrat muss vom Imker genau abgeschätzt werden. • Die Völker können nach der Ernte und ohne neue Tracht wegen Futtermangel in Not kommen.
Fazit: Ein Raum spart Material, Zeit und damit Geld.	**Fazit:** Der Imker muss erfahren sein, um seine einräumigen Völker nicht zu verlieren.

rin braucht bis zum Schlupf 21 Tage. Daher belegt ein Bienenvolk höchstens 42 000 Brutzellen. Das ist ein Maximalwert, denn tatsächlich legen nur gute Königinnen in starken Völkern und bei besten Trachtbedingungen so viele Eier.

Wer vorgefertigte Mittelwände nutzt (wie die meisten Erwerbsimker), stellt seinen Bienen pro Rähmchen im Normalmaß 5200 Zellen, bei Zander 6600 Zellen und bei Dadant (mod.) 8100 Zellen zur Verfügung. Rechnerisch braucht ein Bienenvolk daher neun Normalmaß- oder acht Zander- oder sechs Dadant-(mod.)-Rähmchen, um ein Brutnest mit 42 000 Brutzellen anlegen zu können.

Alle Waben, die sich zusätzlich im Brutraum befinden, werden mit Honig und mit Pollen belegt. Erwerbsimker, die vom Honig leben, haben wenig Interesse daran, den Honig im Brutraum zu belassen. Daher imkern sie mit nur einem Brutraum.

NUTZEN SIE FLACHZARGEN IM HONIGRAUM!

Viele Erwerbsimker nutzen im Honigraum ein anderes Rähmchenmaß als im Brutraum. Für den Honigraum sind 2/3-Maße am weitesten verbreitet. Der Grund für diese Betriebsweise: Flachzargen können exakter der erwarteten

Hobbyimker ziehen während der Schwarmzeit alle Waben, um sie auf Weiselzellen zu überprüfen.

Honigernte angepasst werden. Das heißt in der Praxis, dass weniger Material bewegt werden muss als bei den vollen Maßen. Zehn volle 2/3-Rähmchen nehmen eben ein Drittel weniger Platz weg als zehn schlecht gefüllte Rähmchen im vollen Maß.

Außerdem sind Flachzargen leichter als Vollzargen. Trotz aller Hebetechnik müssen viele Zargen doch noch von Hand gestemmt werden. Hier sind Flachzargen handlicher. Allerdings steigt mit den Flachzargen auch die Zahl der Handgriffe, die pro Kilogramm geschleudertem Honig notwendig sind.

Mitunter schlüpfen Königinnen durch das Absperrgitter in den Honigraum. Das ist bei Flachzargen ärgerlich, da die Waben zwar auch in den Brutraum gehängt werden können, dort aber zu Wildbau und Mehrarbeit führen. Andererseits ist es bei Flachzargen nicht möglich, Waben aus dem Brutraum in den Honigraum umzuhängen. Diese Betriebsweise wird von Imkern geschätzt, um während der Tracht besonders schlagkräftige Völker zu erhalten. Das geringere Gewicht wiegt aber in den Augen vieler Berufsimker diese Nachteile auf.

Besser kippen als ziehen

In der Imkerei der Universität Bochum wurden 2008 an 36 Wirtschaftsvölkern die Zuverlässigkeit und die Zeit ermittelt, die erfahrene Imker durch die Kippkontrolle gewinnen. Vom 30.04. bis 09.07. wurden insgesamt 396 Kippkontrollen durchgeführt. Danach wurden zusätzlich alle Brutwaben gezogen, um eventuell übersehene Schwarmzellen zu finden. 394-mal, also in 99,5 % der Fälle, wurde durch Kippen des Brutraums der Schwarmzustand korrekt erkannt. Das zusätzliche Ziehen und Absuchen aller Brutwaben kostete 20,5 Stunden. Die vorangegangenen Kippkontrollen benötigten hingegen nur 12,5 Stunden. Das heißt konkret: 20,5 Stunden wurden investiert, um zwei Völker vermutlich am Abschwärmen zu hindern. Die Kippkontrolle ist daher aus ökonomischen Gründen dem Ziehen der Rähmchen überlegen.

KONTROLLIEREN SIE IHRE VÖLKER DURCH KIPPEN AUF SCHWARMLUST!

Während viele Hobbyimker während der Schwarmzeit wöchentlich alle Brutwaben ziehen und auf Schwarmzellen inspizieren, können sich Berufsimker dieses zeitraubende Verfahren nicht leisten. Außerdem besteht die Gefahr, dass die Königin bei dieser Betriebsweise gerollt oder gequetscht wird.

Erwerbsimker arbeiten in der Regel mit nur einem Brutraum, einem hohen Boden für die Wanderung und ohne Bausperre. Das heißt, dass die Bienen in den hohen Boden hineinbauen können und hier nicht nur vor allem Drohenbrut aufziehen, sondern auch Schwarmzellen ansetzen. So ist es möglich, sich durch eine Kippkontrolle schnell einen Überblick über den Schwarmzustand des Bienenvolks zu verschaffen.

Nehmen Sie dazu den Honigraum ab. Wenn die Bienen den Honigraum mitsamt dem Absperrgitter angekittet haben, kann er auf dem Brutraum bleiben. Er sollte bei der Kontrolle nur nicht herunterfallen.

Kippen Sie den Brutraum nun so um, dass die darin befindlichen Waben vertikal stehen. Sehen Sie kaum Bauaktivität, kaum Drohnenbau und keine Schwarmzellen, handelt es sich um ein schwächeres Volk, das nicht schwärmen will. Ist das Völker stärker und hängen die Bienen am Boden durch, nehmen Sie vorsichtshalber spätestens jetzt den Honigraum ab, verschieben die Zarge etwas und legen sie hochkant auf den Boden. Von Vorteil sind dabei falzlose Beuten.

Kontrollieren Sie nun die Unterseite der Rähmchen genau, denn Schwarmlust setzt bereits ein, wenn ein unscheinbares Ei in einem Spielnäpfchen liegt. Daher kann es sein, dass die Schwarmzellen nicht auffallen, weil sie noch nicht die charakteristische Zäpfchenform angenommen haben.

Wer also ganz sicher sein möchte, der schiebt die Waben vorsichtig auseinander und schaut auch dort nach Schwarmzellen. Außerdem können vorsichtige Imker oder solche mit nicht mehr so guten Augen die vermeintlichen Spielnäpfchen aufbiegen und nach verborgenen Eiern schauen.

IMKERN SIE MIT SCHIED!

Diese Betriebsweise erfordert eine genaue Kenntnis des Brutverhaltens und des Witterungsverlaufs. Die Funktion des Schieds besteht darin, den Brutraum möglichst honigfrei zu halten. Die Bienen sollen den gesamten Honig über dem Brutnest und damit über dem Absperrgitter im Honigraum ablagern. Dadurch speichern die Bienen weniger des süßen Stoffs auf den Brutwaben. So lässt sich die geerntete Honigmenge steigern.

Auf der dem Brutnest abgewandten Seite des Schieds werden Futterwaben und Rähmchen mit Mittelwänden aufbewahrt. Leiden die Bienen aufgrund von ungünstigen Witterungsverhältnissen unter Futternot, dann tragen sie die Nahrung von jenseits des Schieds um. Ist das Brutnest bis an das Schied herangerückt, dann hängt der Imker eine Mittelwand hinzu und verschiebt das Schied. Das Brutnest muss bei dieser Betriebsweise „gegen das Schied drücken".

Hier wird die Ähnlichkeit mit der Hinterbehandlungsimkerei deutlich. Denn auch dort kennt man eine honigoptimierte Betriebsweise, nämlich das Arbeiten mit dem Fenster. In die Berufsimkerei ist das Schied jedoch von der Dadant-Imkerei nach Bruder Adam eingezogen. Es wird heute auch bei anderen Rähmchenformaten benutzt.

Bienendichtes Schied

Es gibt auch ein bienendichtes Schied. Es wird genutzt, wenn die Bienen nicht hinter das Trennschied laufen sollen. Damit können Sie Begattungsableger z. B. im Viererboden bilden. Es wohnen bis zu vier Ableger in einer Beute. Die Bienen dürfen sich nicht mischen, weil sie sonst der zuerst begatteten Königin zulaufen würden.

PALETTIEREN SIE IHRE VÖLKER!

Normierte Flachpaletten dienen dem einfachen und schnellen Umschlag von Gütern. LKWs werden heute so gebaut und angeboten, dass sie eine bestimmte Anzahl von Paletten transportieren können. Sind die zu transportierenden Güter tragfähig genug, können auch mehrere Paletten übereinandergestapelt werden.

All diese Vorteile werden von Berufsimkern auch für den Transport von Bienenvölkern zum und vom Wanderplatz genutzt. Auf einer Europalette mit einer Grundfläche von 0,96 m² und den Maßen 1200 mm × 800 mm × 144 mm (Länge × Breite × Höhe) können bis zu vier Völker im Zander- oder Langstroth-Maß Platz finden.

Die Beuten fassen neun statt der üblichen zehn Rähmchen. Die Böden sind fest mit den Latten der Transportpalette verschraubt. Um diese Konstruktion stapelbar zu machen, haben die vier auf der Palette verschraubten Beuten einen gemeinsamen Deckel, auf dem während des Transports eine weitere Palette mit vier Völkern ruht.

Dieses Grundprinzip gibt es in vielen Varianten. Ihnen gemeinsam ist, dass es sich um Selbstbauten der Imker handelt. So gibt es Modelle, bei denen vier Bienenvölker in einer Beute wohnen. Jeweils zwei Seitenwände der Beute teilen diese Einheiten mit den Nachbarvölkern. Daneben gibt es Berufsimker, die eine Palette unter jeweils zwei Beuten geschraubt haben. Diese haben dann das Format der Einwegpaletten, auf denen z. B. Druckereibetriebe ihr Papier geliefert bekommen.

Alle diese Konstruktionen sind so schwer, dass sie nicht mehr von zwei kräftigen Männern transportiert werden können. Schon allein die Europalette wiegt je nach Holzfeuchte zwischen 20 und 24 kg. Wenn Sie als Imker mit palettierten Völkern arbeiten wollen, brauchen Sie also zwingend ein Hebegerät, wie z. B. einen geländegängigen Gabelstapler.

Diebstahlsicherung

Palettierte Völker sind eine wichtige und sinnvolle Maßnahme, um Diebe abzuschrecken. Sie verfügen nämlich häufig nicht über das Gerät, um die Wandervölker anderer Leute einfach wegzuschaffen.

Zum Transport von Zargen bieten Flachpaletten viele Vorteile.

FINANZ
AMT
4

Diese Steuern betreffen Sie!

Sobald Sie mit einer Erwerbsimkerei starten, beginnt sich auch das Finanzamt für Sie zu interessieren. Dazu nimmt der Fiskus Ihren Gewinn und ihre Umsätze ins Visier. Verstehen Sie die Informationen in diesem Kapitel als erste Orientierungshilfe zu grundsätzlichen steuerlichen Fragen in der Imkerei.

In der Erwerbsimkerei haben Sie es vor allem mit zwei Steuerarten zu tun: Der Einkommen- und der Umsatzsteuer. Wie der Name schon sagt, ist die Bemessungsgrundlage für die Einkommensteuer das Einkommen, das Sie mit Ihrer Imkerei erzielen. Es ist umgangssprachlich der „Verdienst“, den Sie sich erarbeiten.

Die Umsatzsteuer betrifft hingegen den Geldverkehr in Ihrer Imkerei. Immer wenn Sie z. B. Bienenfutter einkaufen und Honig verkaufen, wird Umsatz- oder Mehrwertsteuer ausgewiesen. Über die Gewinne, die Sie mit Ihrer Imkerei erwirtschaften, sagt das gar nichts aus. Immer wenn eine Zeitperiode verstrichen ist, will der Fiskus eine Steuererklärung. Bei der Umsatzsteuer kann das ein Monat sein, bei der Einkommensteuer ist es immer das Wirtschaftsjahr.

Das Einkommen von Imkern schwankt wie das Trachtangebot für die Bienen.

Entscheiden Sie sich für ein Wirtschaftsjahr!

Auch wenn Sie in den ersten Jahren vielleicht noch gar keinen Gewinn machen, so will das Finanzamt doch einen Jahresabschluss sehen, in dem Ihre unternehmerische Leistung dokumentiert ist. Der Zeitraum, den dieser abbildet, ist das sogenannte Wirtschaftsjahr.

Bei den meisten Unternehmen ist das Wirtschaftsjahr auch das Kalenderjahr. Das können Sie auch in Ihrer Imkerei so halten. Doch in der Landwirtschaft ist ein „abweichendes Wirtschaftsjahr“ üblich. Auch viele Imker entscheiden sich dafür. Der Grund: In der Imkerei wie auch in der allgemeinen Landwirtschaft gibt es keinen kontinuierlichen Wirtschaftsbetrieb, wie z. B. in einem Handwerksbetrieb, bei Freiberuflern oder in der Industrie. Das Geschäft ist vielmehr von extremen Saisonspitzen und von starken wirtschaftlichen Schwankungen geprägt.

Imker ernten in den Monaten Juni bis August den meisten Honig, den sie dann in den folgenden Monaten verkaufen. Ist das Honiglager leer, kann nicht nachproduziert werden. Es gibt keine weiteren Einkünfte mehr, doch die Kosten laufen weiter. Ein abweichendes Geschäftsjahr, das z. B. vom 01. 05. bis zum 30. 04. geht, bildet das Betriebsergebnis eines Jahres sehr gut ab. Der Gewinn des einen Jahres errechnet sich aus den Einnahmen aus dem Honigverkauf eines Erntejahres und den Ausgaben bis zur nächsten Ernte.

Um die Einkünfte im abweichenden Wirtschaftsjahr zu ermitteln, werden sie anteilig auf die Kalenderjahre verteilt, die das Wirtschaftsjahr betreffen. Wenn Ihr Wirtschaftsjahr am 01. 04. 2019 beginnt und am 31. 03. 2020 endet und Sie einen Gewinn von 24 000,– € erzielt haben, dann entfallen neun Teile dieses Gewinns (für neun Monate) auf das Jahr 2019 (18 000,– €) und drei Teile (6000,– €) auf das Jahr 2020. Das Kalenderjahr 2019 umfasst demnach Einkünfte, die aus den Wirtschaftsjahren 2018/19 und 2019/20 stammen.

Unterschiedliche Zeiten

Wenn Sie sich aus dem oben beschriebenen Grund für ein abweichendes Wirtschaftsjahr entscheiden, brauchen Sie dafür die Genehmigung des Finanzamts. Weil die Umsatzsteuer aber immer eine Jahressteuer ist (01. 01. bis 31. 12.), heißt das in der Praxis, dass Unternehmen mit einem abweichenden Wirtschaftsjahr ihre Steuererklärungen für Umsatz- und Einkommensteuer zu unterschiedlichen Zeiten abgeben.

So erhalten Sie eine Steuernummer

Als steuerpflichtiger Unternehmer benötigen Sie eine Steuernummer. Das ist das Aktenzeichen, unter dem Sie bei den Finanzbehörden geführt werden. Sie erhalten die Steuernummer, sobald Sie dem Finanzamt formlos mitgeteilt haben, dass Sie ein landwirtschaftliches Unternehmen gegründet haben. Wenn Sie sich außerdem mit einem Gewerbe anmelden, dann wird Ihre Gewerbeanmeldung vom Gewerbeamt automatisch ans Finanzamt weitergeleitet, wo Sie die Steuernummer erhalten. Ihre wirtschaftliche Tätigkeit könnten Sie auch online über das Portal ELSTER (www.elster.de) anmelden. Dazu registrieren Sie sich vorher mit den Daten zu Ihrer Person und Ihrer Imkerei.

Einkommensteuer

Hobbyimker verkaufen ihren Honig in der Familie und im Freundeskreis. Bei Erwerbsimkern reicht das angesichts der Menge des erzeugten Honigs nicht mehr. Sie bieten ihr süßes Bienenprodukt auf dem Markt dem Verbraucher zum Kauf an. Häufig runden sie ihr Sortiment noch um zugekaufte Kerzen, Kosmetik und Süßigkeiten ab. Wer dabei die Grundlagen des imkerlichen Steuerrechts nicht kennt, hat ganz schnell Ärger mit dem Fiskus. Denn durch den Verkauf des selbst erzeugten Honigs erzielt der Imker landwirtschaftliche Einkünfte und durch die Zukaufware kann er zum gewerblichen Händler werden. Landwirt und Händler sind nicht nur ganz unterschiedliche Berufe, es handelt sich auch um völlig verschiedene Einkunftsarten.

LANDWIRTSCHAFT UND GEWERBE

Angestellte erzielen Einkünfte aus unselbstständiger Arbeit, Vermieter Einkünfte aus Vermietung und Verpachtung, Selbstständige aus selbstständiger Tätigkeit. Wenn Sie sich mit Ihrer Imkerei selbstständig machen, dann erzielen Sie jedoch keine Einkünfte aus selbstständiger Tätigkeit, sondern Einkünfte aus Land- und Forstwirtschaft. Wenn Sie Handel treiben, erzielen Sie dagegen Einkünfte aus einem Gewerbebetrieb.

Landwirt sind Sie laut Definition, wenn Sie Tierzucht und/oder Tierhaltung betreiben und dabei eine vom Gesetzgeber bestimmte Menge Tiereinheiten halten. Fünf Bienenvölker sind für das Finanzamt noch keine Land-

Verkaufen Sie selbstgezogene Kerzen, gehört das noch zur Landwirtschaft. Bei zugekauften Produkten handelt es sich aber um gewerblichen Handel.

wirtschaft. Die Grenze liegt bei 30 Bienenvölkern. Wer weniger Völker hat, der kann aus der Erfahrung der Finanzverwaltung keine Gewinne erwirtschaften, von denen der Fiskus einen Teil abschöpfen könnte.

Einkünfte aus Land- und Forstwirtschaft erzielen Sie durch den Verkauf Ihrer selbst erzeugten landwirtschaftlichen Produkte. Wenn Sie also Honig in Eimern verkaufen oder Wachsblöcke aus ihrem selbst erzeugten Wachs, dann verkaufen Sie Produkte aus landwirtschaftlicher Urproduktion. Das ist klassische Landwirtschaft.

Nun gibt es Imker, denen reicht das nicht. Sie füllen ihren Honig in Gläser verschiedenster Größe ab. Sie arbeiten ihren Honig auf, indem sie ihn rühren und mischen. Aus ihrem Wachs gießen und ziehen sie Kerzen verschiedenster Formen und Größen. Steuerlich handelt es sich dabei um Produkte der ersten Verarbeitungsstufe. Auch sie gehören grundsätzlich noch voll und ganz zur Landwirtschaft.

Es gibt aber Imker, die noch weiter gehen. Sie mischen ihren Honig mit gefriergetrockneten Beeren, wie z. B. Sanddorn- oder Moosbeeren (Cranberrys). Sie fertigen aus Propolis Kosmetikartikel an. Sie arbeiten ihren Honig in Honigwein um oder beauftragen eine Kelterei damit. Die so entstehenden Produkte enthalten die selbst erzeugten landwirtschaftlichen Produkte nur noch als Zutat. Es handelt sich um Produkte der zweiten Verarbeitungsstufe, aus deren Verkauf Sie nur unter Einschränkungen Einkünfte aus Land- und Forstwirtschaft erzielen.

Auf vielen Märkten finden Sie die eingangs erwähnten Imker, denen auch die Produkte der zweiten Verarbeitungsstufe nicht reichen. Sie kaufen im Imkerei-Großhandel Süßigkeiten, Spirituosen und Kosmetika ein, verkaufen Bonbons, Bärenfang, Seife und Duschgel mit einem Aufschlag an ihre Kunden weiter. Das hat mit einer landwirtschaftlichen Tätigkeit nichts mehr zu tun, sondern ist klassischer Einzelhandel. Die Einkünfte aus ihrem Verkauf sind im Prinzip gewerbliche Einkünfte.

Doch wenn Sie bestimmte Grenzen einhalten, sind Ihre Erlöse aus dem Verkauf von Produkten der zweiten Verarbeitungsstufe und aus dem Verkauf von zugekaufter Handelsware auch noch Einkünfte aus Land- und Forstwirtschaft. Das hat das Bundesfinanzministerium (BMF) in einem Schreiben vom 19. 12. 2011 festgehalten. Sie dürfen damit allerdings nicht mehr als ein Drittel Ihres Gesamtumsatzes erzielen. Ihre landwirtschaftliche Tätigkeit muss also ganz klar im Vordergrund stehen und Sie dürfen mit den zugekauften Produkten nicht mehr als 51 500,– € Umsatz im Wirtschaftsjahr erzielen.

Wenn Sie außerdem Dienstleistungen anbieten, wie die Betreuung von fremden Bienenvölkern, die Vermietung Ihrer Maschinen an andere Imker oder Schulungen, dann dürfen diese zusammen mit dem Verkauf der genannten Waren nicht mehr als 50 % des Gesamtumsatzes ausmachen.

Kein Gewerbe

Für Ihre Imkerei brauchen Sie keine Anmeldung. Es reicht, wenn Sie im Rahmen Ihrer Einkommensteuererklärung die Anlage LuF ausfüllen. Die fehlende Gewerbeanmeldung führt jedoch immer wieder zu Nachfragen, wenn Sie z. B. bei Lieferanten einkaufen wollen, die nur an Gewerbetreibende verkaufen. Klären Sie sie auf, dass es keine Gewerbeanmeldung für Landwirte gibt. Oft können Sie dann unter Angabe Ihrer Umsatzsteuer-Identifikationsnummer einkaufen. Diese muss beim Bundeszentralamt für Steuern (www.bzst.de) beantragt werden.

BEISPIELE FÜR ZU- UND ABFLÜSSE IN DER IMKEREI

Art	Zufluss oder Abfluss	Erfassung
Überweisung einer Ausgangsrechnung	Zufluss	bei Gutschrift auf Ihrem Konto
Überweisung einer Eingangsrechnung	Abfluss	bei Belastung Ihres Kontos
Leasingrate für Firmenwagen	Abfluss	bei Belastung Ihres Kontos
Barzahlung	Zufluss	mit Datum im Kassenbuch
Lohnzahlung an Mitarbeiter	Abfluss	bei Belastung Ihres Kontos
PayPal nach Verkauf via Internetshop	Zufluss	bei Gutschrift auf dem PayPal-Konto
Zinsen für genommenes Darlehen	Abfluss	bei Belastung Ihres Kontos
Rückstellung für Steuer	Weder Abfluss noch Zufluss	nicht zu erfassen

Werden diese Grenzen überschritten, verliert Ihr Unternehmen durch Ihre gewerbliche Tätigkeit für den Fiskus seinen landwirtschaftlichen Charakter. Er wird vom Gewerbebetrieb „angesteckt" und dadurch selbst zum Gewerbe. Das hat tiefgreifende Folgen, die in ihrer Breite oft unterschätzt werden. Sie müssen z. B. das Gewerbe bei der Gemeinde anmelden und verlieren Ihren landwirtschaftlichen Sozialversicherungsschutz.

Zehn-Tage-Frist

Regelmäßig wiederkehrende Zahlungen wie Mieten werden oft im Voraus bezahlt, Löhne im Nachhinein. Geschieht das innerhalb einer Zehn-Tage-Frist vor bzw. nach dem Wechsel des Geschäftsjahrs, dann werden diese Zahlungsflüsse ausnahmsweise nicht nach dem Zu- oder Abflussprinzip erfasst, sondern im Entstehungsjahr. Angenommen, das Kalenderjahr ist auch das Wirtschaftsjahr und die Januar-Miete für den Honiglagerraum wird am 27. 12. überwiesen, dann gehört diese Ausgabe in den Januar.

EINKÜNFTE AUS LAND- UND FORSTWIRTSCHAFT

Mit der Einnahmen-Überschuss-Rechnung ermitteln Sie den Gewinn Ihrer Imkerei, wenn Sie mindestens 70 Völker bewirtschaften und bis zu 60 000,– € Jahresgewinn erzielen. Um Ihre Einnahmen und Ausgaben aufzulisten, verwenden Sie das vorgeschriebene Formular.

Die Einnahmen und Ausgaben erfassen Sie immer dann, wenn das Geld tatsächlich von Ihnen eingenommen oder ausgegeben wurde. Sie erfassen also keine Forderungen. Eine Einnahme wird daraus erst dann, wenn das Geld tatsächlich auf Ihrem Konto gutgeschrieben wird oder die Scheine in Ihrer Kasse rascheln. Dann ist es Ihnen „zugeflossen". Steuerexperten sprechen daher vom „Zu- und Abflussprinzip". In der Einnahmen-Überschuss-Rechnung erfassen Sie zunächst nur die Nettobeträge, d. h. ohne Umsatz- bzw. Vorsteuer.

SO ERFASSEN SIE INVESTITIONEN

In einer wachsenden Imkerei kommen Sie sehr schnell an Grenzen, an denen Sie mit den Gerätschaften aus der Hobbyimkerei nicht mehr weiterkommen. Dann reicht z. B. die Entdeckelungsgabel für 16,50 € nicht mehr aus und Sie kaufen sich eine Entdeckelungsmaschine für 4000,– €. Diese Ausgabe wird in der Einnahmen-Überschuss-Rechnung nicht mehr sofort als Ausgabe, d. h. als Abfluss gebucht. Wie bei größeren Betrieben, die eine Bilanz erstellen müssen, wird nur ein Bruchteil der Kosten in sogenannten jährlichen Abschreibungen erfasst. Dabei gehen Sie wie folgt vor.

Erstellen Sie zunächst ein **Anlagenverzeichnis**. Dort benennen Sie das Anlagegut, d. h. die Maschine, und erfassen deren Nettopreis, also den Preis ohne Mehrwertsteuer. Das Anlagegut bleibt so lang im Anlageverzeichnis, bis Sie es verkaufen oder verschrotten. Wenn Sie die Maschine noch verkaufen können, dann wird der Erlös, den Sie mit dem alten Schätzchen noch erzielen, als Zufluss in der Einnahmen-Überschuss-Rechnung erfasst.

Ermitteln Sie den jährlichen Wertverlust Ihrer Investition. Ihre Maschine mag auch noch nach Jahren voll funktionsfähig zu sein, doch für den Fiskus verliert sie wie ein Auto jährlich an Wert. Diesen Wertverlust nehmen Sie als jährliche Abschreibung in die Einnahmen-Überschuss-Rechnung auf. Auf wie viele Jahre Sie Ihre Investition abschreiben können, entnehmen Sie den amtlichen AfA-Tabellen (**A**bsetzung **f**ür **A**bnutzung).

Erst ab 30 Bienenvölkern gelten Sie beim Finanzamt als Berufsimker.

Gelegentlich kommt es vor, dass Sie nach einer Saison bereits feststellen, dass die vermeintliche Supermaschine doch nicht so gut zu Ihrem Betrieb passt, wie Sie es erwartet hatten. Dann möchten Sie sie rasch wieder verkaufen. In einem solchen Fall erfassen Sie den Verkaufserlös als Zufluss und den noch nicht abgeschriebenen Teil der Investitionssumme als Anschaffungskosten, d. h. als Abfluss.

Keine Gewinne im Hobby

Mitunter kommt es vor, dass das Finanzamt auch Hobbyimker dazu auffordert, ihre Gewinne aus der Imkerei anzugeben. Tragen Sie dann in der Anlage 13 a die Zahl Ihrer Bienenvölker ein. Geben Sie den Gewinn mit 0,– € an. Mitunter kommt es zu weiteren Nachfragen. Daher empfiehlt es sich, grundsätzlich Belege von größeren Anschaffungen, d. h. mit einem Wert von über 410 € netto, aufzubewahren.

Zu viel Gewerbe

Imker, die Ihre Angebotspalette um zugekaufte Produkte erweitern, etwa über den Imkereifachhandel angebotene Seifen, Cremes und Bonbons, gefährden ihren Status als selbst vermarktende Landwirte. Das ist der Fall, wenn sie mehr als 30 % ihres Umsatzes mit solchen Waren erzielen. Die damit erzielten Gewinne sind gewerbliche Gewinne, weil sie als Einzelhändler aktiv sind und nicht mehr nur als Landwirt. Dann sind sie dazu verpflichtet, einen Betriebsvermögensvergleich zu erstellen. Dies ist eine Folge des sogenannten Hofladenurteils vom 14. 06. 2007, das eigentlich nur die Umsatzsteuer betraf, aber nun auch auf die Einkommensteuer ausstrahlt (§ 13 a, Abs. 7, Nr. 3, EStG).

GEWINNERMITTLUNG NACH DURCHSCHNITTSSÄTZEN

Wenn Sie erst auf dem Weg zur Erwerbsimkerei sind, dann kommt für Sie die Gewinnermittlung nach Durchschnittssätzen infrage. Dieses Verfahren wird auch als „Pauschalierung" bezeichnet, weil der Gewinn aufgrund von Erfahrungen festgelegt und nicht auf Euro und Cent genau ermittelt wird.
Die Bestimmungen dazu richten sich nach § 13 a EStG. Demnach sind Imkereien mit weniger als 30 Bienenvölkern reine Hobbyimkereien, für die sich der Fiskus nicht interessiert. Eine Imkerei in dieser Größenordnung ist Liebhaberei, wirft erfahrungsgemäß keinen Gewinn ab, wird auch nicht mit Gewinnabsicht betrieben und ist daher steuerfrei.

Mittelgroße Imkereien zwischen 30 und 70 Völkern werfen schon Gewinn ab. Auch in diesem Wachstumsstadium können Sie noch nach § 13 a EStG pauschalieren. In der Anlage 13 a geben Sie dann statt der 0,– € Gewinn einen pauschalen Gewinn von 1000,– € für die Imkerei an. Wenn Sie 70 Bienenvölker oder mehr betreuen, kommen Sie um die Einnahmen-Überschuss-Rechnung nicht mehr herum.

Sie können aber auch schon eine Einnahmen-Überschuss-Rechnung erstellen, wenn Sie die Zahl von 70 Völkern nicht überschreiten. Diese Option lässt Ihnen das EStG. Daher werden Imker, die diese Form der Gewinnermittlung wählen, auch „Optierer" genannt. Wer genau wissen will, was er mit seiner Imkerei tatsächlich verdient, sollte schon eine Einnahmen-Überschuss-Rechnung erstellen, wenn er nicht mehr als 70 Völker besitzt.

VOLLSTÄNDIGER BETRIEBSVERMÖGENSVERGLEICH

Diese Methode der Gewinnermittlung ist komplizierter als sie klingt. Hier wird das komplette Betriebsvermögen am Ende des Wirtschaftsjahrs mit dem vollständigen Betriebsvermögen des vorangegangenen Wirtschaftsjahrs verglichen. Die Vermögensänderung ist eine Art Wasserstandsmeldung und ist bei gewissen Rechtsformen, z. B. einer GmbH, vorgeschrieben (Bilanzierungspflicht). Hat das Vermögen zugenommen, hat das Unternehmen einen Gewinn erzielt. Hat es hingegen abgenommen, zehrte die Imkerei von der Substanz und hat damit Verlust geschrieben. Die Privatentnahmen des Jahrs werden zum Vermögen hinzugezählt. Sie wurden dem Unternehmen über die vergangenen zwölf Monate entnommen und stammen entweder aus dem Gewinn oder aus der Substanz der Imkerei.

Ein Betriebsvermögensvergleich setzt eine doppelte Buchhaltung voraus und liefert jede Menge Zahlen und damit Informationen über die Rentabilität der Imkerei. Der Betriebsvermögensvergleich ist die richtige Wahl für Imker, die eine kaufmännische Ausbildung oder ein wirtschaftswissenschaftliches Studium absolviert haben. Sie entscheiden sich bewusst für diese Varianten, weil sie kaufmännische Profis sind und die Buchhaltung ihnen all die Zahlen liefert, die sie benötigen, um die wirtschaftliche Situation jederzeit transparent vor Augen zu haben.

Peter Stieber (60), Betriebswirt

„Ich halte gar nichts vom Pauschalieren. Ich führe meine Imkerei als GmbH und schließe das Wirtschaftsjahr mit einer Bilanz ab. Ich will schließlich die Zahlen in meinem Betrieb kennen. Ich will auch die 19 % Vorsteuer vom Finanzamt zurückbekommen. Weil ich ein funktionierendes Rechnungswesen in meiner Imkerei habe, weiß ich genau, was in meinem Unternehmen los ist.“

Wie viel Gewinn erzielt ein Berufsimker?

Der wirtschaftliche Erfolg einer Berufsimkerei hängt davon ab, wie gut es dem Imker gelingt, die Kosten seiner Imkerei durch die Erlöse zu decken. Es gibt also immer zwei Stellschrauben, mit denen Sie Ihr Einkommen verbessern können. Entweder Sie heben die Preise an oder Sie senken die Kosten. Für die Musterimkerei mit 200 Bienenvölkern und einer Jahresproduktion von 8000 kg Honig finden Sie die Berechnung in der folgenden Tabelle.

Ermittlung des Betriebsgewinns

Erlöse und Kosten	Jahresbeträge in Euro
Erlöse aus Honigdirektverkauf	65 000
Erlöse aus Verkauf an Wiederverkäufer	6300
Erlöse aus Bienenzucht	6000
Erlöse aus Bestäubungsprämien	2600
Sonstige Erlöse	600
Summe Erlöse	**80 500**
Abschreibungen und Zinsen	17 910
Gläser	1200
Fütterung	3000
Energie und Wasser	2500
Wareneinkauf	4000
Marketing	3200
Personal	4800
Fahrzeugkosten	6400
Marktgebühren	2000
Versicherungen	1000
Beiträge zu Verbänden	850
Reinigungsmittel	500
Sonstiges (z. B. für Fortbildung, Bürobedarf)	6000
Ersatzbedarf und Instandhaltung	3229
Summe Kosten	**56 589**
Betriebsgewinn	**23 911**

RUNDFUNKBEITRAG

Auch beim Rundfunkbeitrag kommt es auf die Größe der Imkerei an. Laut § 5, Abs. 2, Nr. 2 Rundfunkbeitragsstaatsvertrag ist vom Inhaber eines Kraftfahrzeugs, dem Beitragsschuldner, für jedes zugelassene Kraftfahrzeug, das zu gewerblichen oder anderen der selbstständigen Erwerbstätigkeit des Inhabers dienenden Zwecken genutzt wird, ein Drittel des Rundfunkbeitrags zu entrichten. Seit 2016 sind jedoch nicht mehr alle Imker, sondern nur solche mit 30 und mehr Völkern zur Zahlung dieses Beitrags verpflichtet. Das heißt: Neben- und Haupterwerbsimker zahlen den Rundfunkbetrag und das sogar unabhängig davon, ob Sie überhaupt ein Radio in ihrem Wagen mit sich führen.

Privates Konto als Firmenkonto

In der Regel wird es geduldet, wenn Sie Ihr privates Girokonto auch als Firmenkonto nutzen. Allerdings sollten Sie das nicht so offen in der Bank ansprechen, weil es eigentlich gemäß der Geschäftsbedingungen nicht zulässig ist. Keine Alternative ist es, Ihre Imkerei als Gewerbe anzumelden. Damit verlieren Sie sofort die Möglichkeit, die Umsatzsteuer zu pauschalieren, sondern Sie müssen optieren (7 % statt 10,7 %). Sie verlieren Ihren Status als Landwirt mit den dazugehörigen Freibeträgen und Sie unterliegen der Gewerbesteuerpflicht (die Gewerbesteuer können Sie allerdings mit der Einkommensteuer verrechnen).

FIRMEN- ODER PRIVATKONTO?

Als Inhaber einer Imkerei sind Sie in der Regel ein Einzelunternehmer. Sie führen Ihre Imkerei persönlich und auf eigene Rechnung. Sie sind also anders als der Geschäftsführer einer GmbH nicht Angestellter in Ihrem Unternehmen, als der Sie ein Gehalt beziehen. Sie führen die Geschäfte Ihrer Imkerei in Ihrem Namen. Mit einer ordentlichen Buchführung können alle Geldbewegungen in Ihrem Unternehmen dokumentiert werden. Daher benötigen Sie aus steuerlicher Sicht eigentlich kein Geschäftskonto, sondern können alle Zahlungen über ein Privatkonto abwickeln.

Doch viele Banken und Sparkassen sehen das anders. Sie schließen in ihren Geschäftsbedingungen aus, dass geschäftlicher Zahlungsverkehr über private Gehaltskonten abgewickelt werden kann. Dafür bieten sie Geschäftskonten an. Im Unterschied zu Privatkonten sind diese ungleich teurer. Viele Unternehmer zahlen monatlich dreistellige Gebühren für ihre Geschäftskonten. Es gibt allerdings auch sehr günstige oder sogar Gratis-Geschäftskonten, die per Internet-Banking funktionieren und für den gewöhnlichen Zahlungsverkehr auch ausreichen.

Allerdings werden Sie als Imker sehr schnell feststellen, dass die meisten Institute nicht auf Sie eingestellt sind, denn Sie fordern von Ihnen einen Gewerbeschein oder einen Handelsregisterauszug, damit Sie Ihre Unternehmereigenschaft beweisen können. Sie sind aber weder Gewerbetreibender noch eingetragener Kaufmann noch Freiberufler, sondern irgendetwas anderes, unter dem gewöhnliche Bankangestellte sich nichts vorstellen können.

Umsatzsteuer

Die Umsatzsteuer ist die zweite Steuerart, mit der Sie als Erwerbsimker zu tun haben – und das sogar öfter als mit der Einkommensteuer. Immer wenn Sie ein- oder verkaufen, sind Sie von der Umsatzsteuer betroffen.

In Deutschland wird die Umsatzsteuer als sogenannte Netto-Umsatzsteuer erhoben. Um das zu verstehen, müssen Sie den Mechanismus kennen, der hinter der Netto-Umsatzsteuer steckt und der für alle Unternehmen außerhalb der Landwirtschaft gilt. Wenn ein Unternehmer Waren und Dienstleistungen einkauft, zahlt er zusammen mit dem Nettowarenwert auch einen Anteil Umsatzsteuer, die sogenannte Vorsteuer. Diese beträgt in der Regel 19 %. Er bekommt sie später vom Finanzamt zurückerstattet, sodass er letztlich nur den Nettowarenwert bezahlt. Er verkauft diese Ware zu einem höheren Wert weiter. Auf den nun höheren Nettowarenwert erhebt er einen prozentualen Aufschlag, die sogenannte Mehrwertsteuer. In der Regel beträgt diese ebenfalls 19 %. Diese führt er in voller Höhe an das Finanzamt ab.

Um alle Beteiligten von überflüssigen Geldströmen zu entlasten, wird die Vorsteuer (Forderung gegen das Finanzamt) mit der Umsatzsteuer (Verbindlichkeit gegenüber dem Finanzamt) verrechnet. Letztlich überweist der Unternehmer also nur die Steuer auf den Betrag, den das Produkt durch seine Leistung mehr wert ist, daher der Name „Mehrwertsteuer“. Kurz: Der von jedem Unternehmer hinzugefügte Mehrwert unterliegt der Steuer.

PAUSCHALIEREN ODER OPTIEREN?

Umsatzsteuerrechtlich gibt es in der Landwirtschaft und damit auch in der Imkerei eine ganze Reihe von Ausnahmen. Das beginnt damit, dass es Landwirte nicht nur mit dem Regelsteuersatz von 19 % zu tun haben. Futter und Tiere kaufen sie zum ermäßigten Steuersatz von 7 % ein. Auf Maschinen und Betriebsmittel sind an den Verkäufer zunächst 19 % an Vorsteuer zu bezahlen. Sie selbst schlagen aber auf Ihre Waren 7 % auf, weil Landwirte Lebensmittel herstellen,

Als Pauschalierer schlagen Sie 10,7 % Umsatzsteuer auf den Honig auf, können aber die Vorsteuer des Fahrzeugs nicht vom Finanzamt erstattet bekommen.

die dem ermäßigten Mehrwertsteuersatz unterliegen.

Landwirte haben als einzige Branche die Wahl zwischen der Verrechnung der Umsatzsteuer und der Zahlung einer Pauschale. Sie können also wie alle anderen Unternehmer Vorsteuer und Mehrwertsteuer verrechnen und die Differenz an das Finanzamt überweisen. Landwirte, die diesen Weg gehen, entscheiden sich, d. h. „optieren" für die Regelbesteuerung. Daher werden sie Optierer genannt.

Sie können aber auch ganz auf die Rechnerei verzichten. Dann erheben Sie auf (die meisten) ihrer Produkte einen pauschalen Mehrwertsteuersatz von 10,7 %. Landwirte, die sich dafür entscheiden, werden als Pauschalierer bezeichnet.

SO RECHNEN SIE ALS PAUSCHALIERER

Im allgemeinen Sprachgebrauch bedeutet eine „Pauschalierung", dass sich jemand nicht die Mühe gemacht hat, etwas genau zu prüfen. Genauso verhält es sich mit der Pauschalierung in der Landwirtschaft. Es wird einfach angenommen, dass es einen Steuersatz gibt, bei dem ein Landwirt umsatzsteuerneutral arbeitet. In § 24 des Umsatzsteuergesetzes sind diese pauschalen Steuersätze festgesetzt. Sie betragen für

- für forstwirtschaftliche Erzeugnisse 5,5 %,
- für landwirtschaftliche Erzeugnisse wie Honig 10,7 %,
- für alkoholische Erzeugnisse wie z. B. Propolislösung oder Met 19,0 %.

Bei pauschalierenden Landwirten geht der Gesetzgeber also davon aus, dass der Betrag, den ein Landwirt im Rahmen seiner Betriebsmittelzukäufe als Vorsteuer an seine Lieferanten zahlen muss, 10,7 % seines Umsatzes ausmacht.

Die allermeisten Landwirte in der allgemeinen Landwirtschaft pauschalieren. Das entlastet die ohnehin mit Aufzeichnungspflichten stark beanspruchte Branche erheblich. In der Praxis bedeutet das, dass sie ihre Betriebsmittel einkaufen, als wären sie Verbraucher. Der Bruttopreis einer Ware ist für sie der Betrag, der sie die Ware auch tatsächlich kostet.

So können es auch Erwerbsimker handhaben. Sie kaufen genauso wie Hobbyimker Futtersirup mit 7 % und eine Entdeckelungsgabel mit 19 % MwSt. ein. Den damit erzeugten Honig und die Wachsblöcke verkaufen sie mit 10,7 % MwSt. Diese 10,7 % können ihre gewerblichen Kunden, wie z. B. Lebensmitteleinzelhändler, als Vorsteuer von der Rechnung abziehen. Denn Einzelhändler unterliegen immer der Regelbesteuerung. Diese Mehrwertsteuer kann der Imker dann behalten. Kurz: Pauschalierende Imker bekommen keine Vorsteuer erstattet und führen keine Mehrwertsteuer ab.

Problematische 10,7 %

So einfach das Verfahren für pauschalierende Imker ist, so kompliziert kommt es vielen gewerblichen Kunden von Imkern vor. Weil die Pauschalierung eine Ausnahme für die Landwirtschaft ist, kennen viele Buchhaltungsprogramme nur 7 % und 19 % Mehrwertsteuer. Die Kunden wissen schlicht nicht, wie sie die 10,7 % verbuchen sollen. Das kann ein Wettbewerbsnachteil gegenüber optierenden Imkern sein. Sie können ihren Honig mit 7 % MwSt. anbieten. Diesen Steuersatz kennt jeder gewerbliche Kunde und kann ihn verarbeiten.

SO RECHNEN SIE ALS OPTIERER

Während die Pauschalierung in der Landwirtschaft üblich ist, optieren viele Imker für die Regelbesteuerung. Sie verrechnen die Umsatzsteuer wie alle anderen Wirtschaftsunternehmen. Das ist besonders in der Gründungsphase interessant, wenn der Betrieb erst im Aufbau ist und noch viel investiert werden muss. Da noch kein Gewinn gemacht wird, übersteigen die Vorsteuern aus zugekauften Betriebsmitteln und aus Investitionen die zu zahlende Mehrwertsteuer aus dem verkauftem Honig und anderen Produkten. Die Umsatzsteueroption müssen Sie bei Ihrem zuständigen Finanzamt beantragen und Sie sind mindestens fünf Jahre an diese Entscheidung gebunden.

Einkauf im Ausland

Wenn Sie persönlich im europäischen Ausland für Ihre Imkerei einkaufen, halten Sie Ihre USt-IDNr. bereit, da Sie dann in der Regel nur den Nettopreis zahlen müssen. Das gilt aber nur für Einkäufe, die Sie für Ihre Imkerei tätigen, nicht für den privaten Bereich! Wenn Sie für sich privat einkaufen, dann müssen Sie den im Land verbindlichen Mehrwertsteuersatz entrichten.

UMSATZSTEUER-ID-NUMMER

Wenn Sie Rechnungen stellen und darauf die Umsatzsteuer ausweisen, brauchen Sie keine Umsatzsteuer-Identifikationsnummer (USt-IDNr.). In diesem Fall müssen Sie allerdings Ihre Steuernummer auf der Rechnung angeben. Sie brauchen die Umsatzsteuer-Identifikationsnummer eigentlich nur, wenn Sie innerhalb der Europäischen Union Waren kaufen und verkaufen. Diese sind nämlich unter bestimmten Umständen von der Umsatzsteuer befreit. Wenn Sie nur in Ihrem lokalen Umfeld Waren verkaufen und nur bei Ihrem regionalen Imkereifachhändler einkaufen, dann betrifft Sie das nicht.

Aber bedeutende Hersteller und Händler haben ihren Sitz im europäischen Ausland, etwa Paradise Honey (Finnland), Thomas (Frankreich), Lyson (Polen) oder Swienty (Dänemark). Schon bei der Bestellung wird Ihre USt-IDNr. abgefragt.

Um eine USt-IdNr. zu beantragen, können Sie das Antragsformular nutzen, das Ihre Finanzverwaltung auf ihrer Internet-Seite zur Verfügung stellt. Diese Angaben werden von Ihnen abgefragt:

- welches Finanzamt für Sie zuständig ist,
- Ihre Steuernummer,
- die Rechtsform Ihres Unternehmens (in der Regel Einzelunternehmen).
- Bei Einzelunternehmen sind Ihr Name, Vorname und Geburtsdatum anzugeben, wenn Sie der steuerpflichtige Unternehmensinhaber sind. Bei allen anderen Rechtsformen sind der Name des Unternehmens, seine Postleitzahl und sein Sitz anzugeben.

Sie können sich zur Beantragung einer Umsatzsteuer-Identifikationsnummer aber auch gleich an das Bundeszentralamt für Steuern, Dienstsitz Saarlouis, 66738 Saarlouis wenden, denn dorthin leitet auch Ihr Finanzamt die Anfrage weiter. Sie können die Nummer auch online beantragen (www.bzst.de).

Sobald Ihr Antrag bearbeitet ist, erhalten Sie vom Bundesamt die USt-IdNr. per Post zugeschickt. Wenn Sie neben Ihrer Imkerei noch ein Gewerbe betreiben, etwa einen Markthandel oder einen Imkereifachhandel, dann gilt die USt-IDNr. auch für das Gewerbe, denn das Umsatzsteuerrecht geht vom Unternehmen als Einheit aus. Es umfasst Ihre gesamte unternehmerische Tätigkeit.

UMSATZ- UND VORSTEUER IN DER EINNAHMEN-ÜBERSCHUSS-RECHNUNG

Wenn Ihre Kunden eine von Ihnen gestellte (Ausgangs-)Rechnung bezahlen, dann setzt sich diese aus zwei Beträgen zusammen, nämlich aus dem Wert für die Waren oder Dienstleistungen sowie aus der darauf zu bezahlenden Umsatzsteuer. Die Umsatzsteuer buchen Sie auf einem separaten Posten der Einnahmen-Überschuss-Rechnung als Einnahme. Analog verfahren Sie mit der Vorsteuer, die Sie bei Eingangsrechnungen bezahlt haben. Diese erfassen Sie als Ausgabe und damit als Abfluss.

Im Rahmen Ihrer Umsatzsteuererklärung werden die von Ihnen einbehaltene Umsatzsteuer und die von Ihnen bezahlte Vorsteuer miteinander verrechnet. Eine Abführung des Saldos wird als Ausgabe behandelt. Erstattet Ihnen das Finanzamt die Vorsteuer, dann ist das eine Einnahme in der Einnahmen-Überschuss-Rechnung.

Dauerfristverlängerung

Die ersten zehn Tage des Folgemonats sind oft im Handumdrehen verflogen. Um nicht unter Termindruck zu kommen, können Sie beim Finanzamt eine sogenannte Dauerfristverlängerung beantragen. Diese wird praktisch immer gewährt. Dann haben Sie immer einen Monat mehr Zeit. Wenn Sie zur monatlichen Abgabe von Umsatzsteuervoranmeldungen verpflichtet sind, dann erhalten Sie die Dauerfristverlängerung nur unter der Auflage, dass Sie eine Sondervorauszahlung leisten. Diese beträgt jährlich 1/11 der Summe der Umsatzsteuervorauszahlungen des Vorjahrs.

ÜBERMITTLUNG ANS FINANZAMT

Bei größeren Anschaffungen kann die Vorsteuer rasch 1000,– € oder mehr betragen. Umgekehrt müssen bei guten Verkäufen oft hohe Umsatzsteuerbeträge an das Finanzamt abgeführt werden. Während der Fiskus andere Steuern gelegentlich stundet, geht das bei der Umsatzsteuer nicht. Er geht davon aus, dass Ihre Kunden die Steuer bezahlt haben, dass sie folglich in der Kasse oder auf dem Konto ist und daher eingezogen werden kann.

Die zu zahlende Steuer teilen Sie dem Finanzamt in der Umsatzsteuer-Voranmeldung mit. Wenn Sie mit Ihrer Erwerbsimkerei frisch starten, dann haben Sie diese in den ersten zwei Jahren monatlich immer zum zehnten Kalendertag des Folgemonats abzugeben. Nach zwei Jahren schaut das Finanzamt, wie hoch die jeweils zusammengekommen Umsatzsteuer-Beträge waren. Liegt der jährliche Betrag zwischen 1000,– € und 7500,– €, müssen Sie die Umsatzsteuer-Voranmeldung vierteljährlich abgegeben. Übersteigt die zu zahlende Steuer 7500,– €, dann fordert das Finanzamt eine monatliche Umsatzsteuer-Voranmeldung.

Verstehen Sie die Umsatzsteuer-Voranmeldung als eine Art Abschlagszahlung auf eine jährlich zu bezahlende Steuer. Doch anders als bei anderen Abschlagszahlungen melden Sie dem Fiskus, wie viel Umsatzsteuer Sie seit dem letzten Voranmeldungstermin tatsächlich vereinnahmt haben. Diese angefallene Umsatzsteuer führen Sie nach Abzug der Vorsteuer an das Finanzamt ab. Wenn Sie mehr Vorsteuer gezahlt als Umsatzsteuer eingenommen haben, erhalten Sie nach der Abgabe der Voranmeldung den Betrag auf Ihrem Geschäftskonto gutgeschrieben.

Die Zeiten von Papier sind im Umgang mit der Finanzverwaltung vorbei. Daher müssen Sie Ihre Voranmeldung zwingend als „**El**ektronische **St**euer**er**klärung" über das System ELSTER abgeben. Alle gängigen Buchhaltungsprogramme enthalten eine Schnittstelle zu ELSTER. ELSTER selbst stellt Ihnen die Finanzverwaltung kostenlos zur Verfügung. Im Rahmen Ihrer Umsatzsteuererklärung (§ 18 UStG) ermitteln Sie Ihre Umsatzsteuerlast für das gesamte vergangene Jahr. Die bereits geleisteten Zahlungen werden Ihnen nun darauf angerechnet.

AGRARDIESEL-RÜCKVERGÜTUNG

Wenn Sie als Nebenerwerbs- oder Berufsimker Einnahmen aus Land- und Forstwirtschaft erzielen, können Sie einen Antrag auf Agrardiesel-Rückvergütung in Höhe von 21,48 Cent pro Liter Diesel (2017) stellen. Voraussetzung ist, dass Sie für die Imkerei keinen PKW nutzen und das Fahrzeug mit Diesel betrieben wird. Den Antrag für die Rückvergütung finden Sie auf www.zoll.de unter „Agrardiesel". Sie reichen ihn zusammen mit der letzten Einkommensteuererklärung, den Tankquittungen sowie einer Meldung über die Anzahl der von ihnen bewirtschafteten Völker bei Ihrem zuständigen Hauptzollamt ein.

Beachten Sie den Stichtag 30.09., wenn Sie einen solchen Antrag stellen möchten. Für reine Imkerei-Betriebe gibt es eine Sonderregelung. Sie können den Entlastungsantrag am Computer ausfüllen und anschließend ausdrucken (Elektronische Datenerfassung ohne elektronische Datenübermittlung) oder die auf der Seite angebotenen PDF-Dokumente nutzen.

Wenn viel zu tun ist, ist eine Dauerfristverlängerung nützlich. Sie haben dann einen Monat mehr Zeit, um ihre Umsatzsteuervoranmeldung abzugeben.

Stellen Sie einen Mitarbeiter ein!

Imkern ist eine arbeitsintensive Tätigkeit. Daher werden Sie sich wahrscheinlich bald nach einer Entlastung sehnen und einen Mitarbeiter einstellen wollen. Das bedeutet jede Menge an zusätzlicher Bürokratie. Hier finden Sie nur einige Bemerkungen zu Dingen, auf die Sie besser achten sollten. Weitere Informationen finden Sie auf den einschlägigen Internetseiten.

Lohnbuchhaltung

Die Lohnbuchhaltung lässt sich relativ einfach ausgliedern. Sie können dann sicher sein, dass Ihre Mitarbeiter pünktlich bezahlt werden und alle Sozialbeiträge korrekt abgeführt werden. Ihre Mitarbeiter erhalten eine professionell erstellte Lohnabrechnung, in der alle für das laufende Arbeitsjahr relevanten Zahlen aufgeführt sind – einschließlich der genommenen Urlaubstage.

Mitarbeiterinnen und Mitarbeiter benötigen einen Arbeitsvertrag.

Ihr Mitarbeiter braucht einen Arbeitsvertrag, in dem die wichtigsten Daten über die Vertragsparteien, die Aufgaben, den Arbeitsort, die Arbeitszeit, das Arbeitsentgelt, die Urlaubstage und die Kündigungsfrist festgehalten werden. Regeln Sie hier nichts, gelten die gesetzlichen Bestimmungen.

Als Arbeitgeber brauchen Sie eine Betriebsnummer, die von der Bundesagentur für Arbeit vergeben wird. Diese Betriebsnummer benötigen Sie, um Ihren Mitarbeiter bei der Sozialversicherung anzumelden. Minijobber melden Sie bei der Minijobzentrale an. Arbeitet Ihr Mitarbeiter mehr, als es mit einem Minijob möglich ist, melden Sie ihn bei seiner Krankenkasse für die Renten- und Arbeitslosenversicherung sowie für die Pflege- und Krankenversicherung an. Das alles müssen Sie innerhalb der ersten sechs Wochen nach der Einstellung Ihres ersten Mitarbeiters abgearbeitet haben.

Die Beiträge für diese Versicherungen werden monatlich von den Einzugsstellen der Krankenkassen von Ihrem Firmenkonto eingezogen. Die Beiträge ändern sich regelmäßig und müssen ständig angepasst werden. Ihr Mitarbeiter muss Lohnsteuer zahlen, doch Sie als Arbeitgeber müssen diese einbehalten und an das zuständige Finanzamt abführen.

Mitarbeiter in einer Imkerei sind über die landwirtschaftliche Berufsgenossenschaft unfallversichert. Melden Sie der Berufsgenossenschaft innerhalb der ersten Arbeitswoche, dass Sie einen Mitarbeiter beschäftigen.

Wenn Sie Ihren Mitarbeiter nicht mehr beschäftigten können oder wollen, müssen Sie wegen der Kleinbetriebsklausel keinen Kündigungsschutz beachten. Sie brauchen noch nicht einmal einen Kündigungsgrund zu nennen.

Wo gibt es Hilfe bei Steuerthemen?

Nun kennen Sie die steuerrechtlichen Grundlagen einer Erwerbsimkerei. Wenn Sie in der Einkommensteuer und in der Umsatzsteuer pauschalieren, brauchen Sie keine Buchführung. Wenn Sie keine Mitarbeiter beschäftigen, erspart Ihnen das auch die Lohnbuchhaltung. Alle anderen Imker sollten jeden Zu- und Verkauf und jede Abgaben- und Steuerzahlung schriftlich dokumentieren, d. h. Bücher über alle finanziellen Bewegungen führen.

Wenn Sie sich nun sagen, dass Sie sich lieber um Ihre Bienen und die Honigvermarktung kümmern wollen, dann holen Sie sich Hilfe! So halten es auch andere Unternehmer. Machen Sie in Ihrer Imkerei das, was Sie am besten können. Geben die Buchhaltung an einen externen Dienstleister ab!

Vielleicht arbeiten Sie schon bisher mit einem Steuerberater zusammen. Wenn Sie ihn fragen, ob er Sie auch mit Ihrer Imkerei berät, werden Sie möglicherweise diese Antwort erhalten: „Landwirtschaft ist sehr speziell. Damit kenne ich mich nicht aus. In meiner Ausbildung hieß es immer: Das brauchen Sie nicht." Wie Sie schon in den Abschnitten in diesem Buch über die Einkommen- und die Umsatzsteuer gelesen haben, gibt es für die Landwirtschaft Regelungen, die sonst in keiner anderen Branche gelten. Und das ist noch nicht alles. Die Landwirtschaft benutzt einen komplett anderen Kontenrahmen für die Buchhaltung.

In einem Kontenrahmen sind alle Konten verzeichnet, die in der Buchführung der Unternehmen einer Branche benutzt werden. Dabei versteht sich der Kontenrahmen nur als Richtlinie, wie die Konten aufgebaut sein können. In der Praxis wählen die mit der Buchhaltung betrauten Mitarbeiter aus einem vorhandenen Kontenrahmen die Konten aus, die für das jeweilige Unternehmen relevant sind. Wenn zwei Betriebe den gleichen Kontenrahmen benutzen, dann werden sie besser vergleichbar.

Buchstellen und Steuerberater mit Kunden aus der Landwirtschaft benutzen den Kontenrahmen SKR 14. Dieser bildet wiederum nicht die Besonderheiten der Imkerei ab. In der Praxis ist das kein Problem. Einen Kontenrahmen für landwirtschaftliche Betriebe finden Sie hier: https://static.twoday.net/blrw1fsl/files/Der-Kontenplan.pdf

Buchhaltungsprogramme

Wenn Sie Ihre Buchhaltung selbst machen möchten, werden Sie in der Regel auf ein Buchhaltungsprogramm für kleine Betriebe zurückgreifen, z. B. Lexware. Beim Einrichten des Programms werden Sie nach dem Kontenrahmen gefragt, den Sie benutzen wollen. Einen landwirtschaftlichen Kontenrahmen gibt es allerdings in diesen Programmen nicht. Auch das spricht dafür, die Buchhaltung auszulagern.

So war's bei mir

„Meine Buchstelle verbucht die an andere Imker verkauften F_1-Königinnen und Ableger auf dem Konto „Geflügelproduktion". Das fand ich am Anfang sehr lustig. Doch es passt ja irgendwie, denn schon in der Bibel wird die Biene als das „kleinste Vögelein" bezeichnet. Da ich weiß, was sich hinter dem Konto mit der Bezeichnung verbirgt, habe ich mich daran gewöhnt und kann meinen Jahresabschluss verstehen."

Wie geht es weiter?

In den vorstehenden Kapiteln haben Sie erfahren, wie es Ihnen gelingt, erfolgreich eine Erwerbs- oder Berufsimkerei aufzubauen. Die Herausforderung in der Imkerei besteht nicht im Absatz. Sie finden immer Abnehmer für Ihr süßes Produkt und das sowohl in Boom- als auch in Krisenzeiten. Während die Konsumenten in anderen Branchen dann Zurückhaltung an den Tag legen, profitieren Hersteller von Süßem sogar in wirtschaftlichen Krisenzeiten von einer steigenden Nachfrage.

Trotz guter Nachfrage scheitern immer wieder Imker am Vorhaben, ihre Hobby- in eine Erwerbsimkerei umzuwandeln. Eine Berufsimkerei ist nämlich keine Hobbyimkerei mit einer verzehnfachten Völkerzahl, sondern ein richtiges Unternehmen. Als Hobbyimker freuen Sie sich über jeden verkauften Karton Honig. Der Erlös aus dem Honigverkauf ist so etwas wie ein Taschengeld, das Sie wieder in Ihr Hobby stecken können.

Sind Sie Erwerbsimker, muss Ihr Betrieb hingegen genug abwerfen, um Ihre Imkerei am Laufen zu halten und einen Beitrag zu Ihrem Lebensunterhalt zu leisten. Das bedeutet ein ständiges Nachrechnen, ob die Einkünfte aus der Imkerei reichen. Damit können Sie auch schon als Hobbyimker beginnen. So betont der Vollerwerbsimker Christoph Koch aus Oppenau im Schwarzwald: „Wer mit seiner 20-Völker-Imkerei nichts verdient, dem gelingt es auch nicht mit 200 Völkern."

Wie bei jedem Unternehmen steht die Gewinnorientierung an erster Stelle. Das heißt konkret: Machen Sie nicht alles selbst. Halten Sie sich stets vor Augen: Ihre Arbeitskraft ist die teuerste im ganzen Betrieb. Das heißt:

> Müssen Sie Ihren Honig wirklich selbst auf dem Markt verkaufen? Kann das nicht eine Aushilfe auf 400-€-Basis übernehmen?
> Müssen Sie Kerzen selbst gießen? Kann Ihnen dies nicht auch ein Renter in Heimarbeit abnehmen?

Nur wenn Sie nicht nur in Ihrer Imkerei arbeiten, sondern vor allem an ihr, bringen Sie Ihren Betrieb voran. Geben Sie dabei Ihrer Imkerei ein eigenes Profil und ignorieren Sie die Zahlen, die über Erwerbsimker kursieren, z. B.:

> „Mit 300 Völkern kann man von der Imkerei leben."
> „Ein Berufsimker braucht mindestens eine 42-Waben-Schleuder und eine Entdeckelungsmaschine."

Das mag im Einzelfall schon so sein, doch nicht die Ausstattung mit Betriebsmitteln macht den Erwerbsimker aus, sondern vor allem das eigene Profil. So vertreibt z. B. der Berufsimker Michael Grolm als „Zeidler" seinen Honig über Mittelaltermärkte und bei Ritterfesten zu sehr guten Preisen. Ein zweites Standbein sind Kurse zum perfekten Baumschnitt. Kopieren Sie nicht, sondern finden Sie eine Antwort auf die Frage, worin Sie sich mit ihrem Betrieb von anderen unterscheiden. Nur von Ihrem Profil und den daraus abgeleiteten Notwendigkeiten hängt es ab, welche technische Ausstattung Sie brauchen – und zwar um effizient zu arbeiten, nicht, um Imkerkollegen zu beeindrucken.

Bevor Sie mit der Völkervermehrung beginnen, sollten Sie Ihre künftige Erwerbsimkerei gründlich durchdacht haben. Erstellen Sie daher unbedingt den Geschäftsplan, auf den ich in diesem Buch viel Wert gelegt habe. Nutzen Sie die im Buch genannten Kennzahlen. Sie machen Ihren Betrieb transparent und mit anderen vergleichbar. Wenn Sie sich an solchen Kennzahlen orientieren, erkennen Sie schnell, wo Sie gegensteuern müssen.

Holen Sie die Maurer, wenn es nötig ist. Auf Dauer – und darauf sollte Ihr Betrieb angelegt sein – ist es preiswerter Ihre Imkerei umzubauen, als z. B. Honigkübel kreuz und quer durch den Betrieb zu transportieren, weil der Schleuderraum nicht neben dem Raum mit den Rührgeräten liegt und dieser sich weit entfernt vom Honiglager befindet. Jeder eingesparte Handgriff summiert sich zu Stunden eingesparter Arbeitszeit, die Sie andernfalls viel Geld kosten.

Als Erwerbsimker können Sie sich ineffizientes Arbeiten nicht leisten. Jeder Arbeitsschritt in Ihrer Honigproduktion muss genau durchdacht und produktiv sein. Um Effizienzfallen zu erkennen, stellen Sie sich die Arbeitsabläufe in einer Erwerbsimkerei wie in einer Fabrik vor. Vorn werden die vollen

Honigräume angeliefert. Hinten verlässt der abgefüllte Honig den Betrieb. Jede Zarge und jedes Rähmchen sollten pro Arbeitsschritt nur einmal angefasst werden. So ist es z. B. viel effizienter, Honigwaben direkt vom Entdeckelungstisch in die Schleuder zu stecken, statt sie erst noch auf einem Wabenbock zwischenzulagern.

Zum Schluss verweise ich noch auf eine alten Weisheit, die besagt, dass der Imker vor allem von der Hoffnung lebt. Von der Hoffnung, dass die Bienen gut auswintern, von der Hoffnung, dass es im April keinen Frost mehr gibt, von der Hoffnung, dass es im Juni nicht andauernd regnet, von der Hoffnung, dass seine Königinnen begattet werden und so weiter.

Bei aller Begeisterung für die Imkerei sollten Sie sich stets dessen bewusst sein, dass Sie sich in einer volatilen Branche bewegen. Es hat schon seinen Grund, warum es mehr Rechtsanwälte, allgemeine Landwirte oder verschiedene Handwerker als Berufsimker gibt.

Das hängt damit zusammen, dass es nicht einfach ist, allein von der Imkerei zu leben. Dazu sind die unternehmerischen Risiken zu groß. Daher haben die meisten Berufsimker nicht nur ein gut gefülltes Honiglager, sondern auch ein zweites Standbein, um nicht allein von den Bienen leben zu müssen. Überlegen Sie sich also, womit Sie Ihren Lebensunterhalt verdienen wollen, wenn Ihre Bienen Sie im Stich lassen.

Als Erwerbsimker müssen Sie so viel Honig produzieren, dass der Erlös für ihren Lebensunterhalt ausreicht.

Service

Zum Weiterlesen

Backer-Struß, M., & M. Rieger (2012): Grundlage der Lebensmittelhygiene in Imkereibetrieben. 5. Aufl. Landwirtschaftskammer NRW, Münster.

Efken, J., & A. Bernhardt (2016): 3. Studie über die Erzeugungs- und Vermarktungsstruktur des Bienenzuchtsektors in Deutschland. Braunschweig.

Faltin, G. (2017): Kopf schlägt Kapital: Die ganz andere Art, ein Unternehmen zu gründen. Von der Lust, ein Entrepreneur zu sein. dtv Verlagsgesellschaft, München.

Gruber, J., N. Wessely & W. Hummer (2017): Die Reise des Wanderimkers: Wie guter Honig zu seinem Geschmack kommt. Löwenzahn Verlag, Leipzig.

Kohfink, M.-W. (2007): Einfach effizienter arbeiten als Chef: Bewährte und neue Checklisten, Selbsttests, Formulare und Planungshilfen für Ihren Chef-Alltag, VNR Verlag für die Deutsche Wirtschaft, Bonn.

Kohfink, M.-W. (2015); Bienen überwintern. Gesund und stark ins Frühjahr. Verlag Eugen Ulmer, Stuttgart.

Lampeitl, F. (1987): Ertragreich imkern. Technik; Arbeitswirtschaft und Kalkulation in der Bienenhaltung. Verlag Eugen Ulmer, Stuttgart.

Schmaunz, Franz (2016): Buchführung in der Landwirtschaft. Bilanz, Auswertung, Gewinnermittlung. Verlag Eugen Ulmer, Stuttgart.

Schwind, H.-D., P.-H. Hauptmann & S. Mücke (2016): Umsatzsteuer/Mehrwertsteuer – leicht gemacht. Eine Darstellung der Zwei-Namen-Steuer für Studierende und Praktiker. Ewald v. Kleist Verlag, Berlin.

Schwind, H.-D., P.-H. Hauptmann & R. Schinkel (2014): EÜR – leicht gemacht. Die Einnahme-Überschuss-Rechnung: Ein Lehrbuch für Studium und Praxis. 2. Aufl. Ewald v. Kleist Verlag, Berlin.

Singler, A. (2016): Businessplan: Taschen-Guide, Haufe-Verlag, Freiburg.

Zander, E., & F. K. Böttcher (1989): Haltung und Zucht der Biene. Verlag Eugen Ulmer, Stuttgart.

Adressen

PROFI-IMKERKURSE UND BETRIEBSBERATUNG

Niedersächsisches Landesamt für Verbraucherschutz und Lebensmittelsicherheit, Institut für Bienenkunde, Herzogin-Eleonore-Allee 5, 29221 Celle, 05141/90503-40, poststelle.ib-ce@laves.niedersachsen.de

Länderinstitut für Bienenkunde Hohen Neuendorf e. V., Dr. Jens Radke (Betriebsberatung), Friedrich-Engels-Str. 32, D-16540 Hohen Neuendorf, 03303/2938-30

Kuratorium für Technik und Bauwesen in der Landwirtschaft e. V. (KTBL), Bartningstraße 49, 64289 Darmstadt, 06151/7001-0, ktbl@ktbl.de

Armbruster Imkerschule, Lise-Meitner-Straße 4, 74523 Schwäbisch Hall, Ruf: 0170/1857424, sekretariat@armbruster-imkerschule.de

IMKERLICHE BUCHFÜHRUNG

Hauptverband der landwirtschaftlichen Buchstellen und Sachverständigen e. V., Engeldamm 70, 10179 Berlin, 030/2008967-10, verband@hlbs.de

VERSICHERUNG, INTERESSENVERTRETUNG, VERMARKTUNG

Deutscher Berufs- und Erwerbsimkerbund DBIB e. V., Hofstattstr. 22 a, 86919 Utting am Ammersee, 08806/924509, info@berufsimker.de

Deutscher Imkerbund e. V., Villiper Hauptstraße 3, 53343 Wachtberg, 0228/93292-0, deutscherimkerbund@t-online.de

Bioland-Verband für organisch-biologischen Landbau e. V., Kaiserstraße 18, 55116 Mainz, 06131/239790, info@bioland.de

Naturland-Verband für ökologischen Landbau e. V., Kleinhaderner Weg 1, 82166 Gräfelfing, 089/898082-0, naturland@naturland.de

Demeter e. V., Brandschneise 1, 64295 Darmstadt, 06155/8469-0, info@demeter.de

Bienendruckerei Reimer, Bahnhofstraße 5, 04613 Lucka, 034492/22309, shop@bienendruckerei.com

Register

Über den Autor

Dr. Marc-Wilhelm Kohfink studierte von 1986 bis 1992 Verwaltungswissenschaften, Betriebswirtschaft und Geschichte in Konstanz, Tübingen und Bielefeld. Nach einer Ausbildung als Tageszeitungsjournalist arbeitete er zuletzt als Chefredakteur verschiedener Wirtschaftsmedien. 2000 begann er mit einer kleinen Hobbyimkerei und baute diese ab 2004 zur Nebenerwerbsimkerei und ab 2009 zur Berufsimkerei um. 2007 schloss er sich dem Bioland-Verband an. Kohfink ist Autor zahlreicher Aufsätze und Fachbücher über betriebliche und imkerliche Themen. Er lebt in Berlin.

Die in diesem Buch enthaltenen Empfehlungen und Angaben sind vom Autor mit größter Sorgfalt zusammengestellt und geprüft worden. Eine Garantie für die Richtigkeit der Angaben kann aber nicht gegeben werden. Autor und Verlag übernehmen keine Haftung für Schäden und Unfälle. Bitte setzen Sie bei der Anwendung der in diesem Buch enthaltenen Empfehlungen Ihr persönliches Urteilsvermögen ein. Der Verlag Eugen Ulmer ist nicht verantwortlich für die Inhalte der im Buch genannten Websites.

Bibliografische Information der Deutschen Nationalbibliothek
Die Deutsche Nationalbibliothek verzeichnet diese Publikation in der Deutschen Nationalbibliografie; detaillierte bibliografische Daten sind im Internet über http://dnb.d-nb.de abrufbar.

Bildquellen
Alle Fotos bis auf die folgenden stammen vom Autor:
El-Tounsy, Nady: S. 16, 21, 41, 68, 87, 95, 107 und 111; mauritius images: S. 2, 4, 9, 12, 15, 18, 20, 23, 31, 32, 35, 36, 37, 45, 47, 53, 58, 60, 64, 67, 84, 92, 96, 100, 103, 112, 114, 117 und 118; Meurs, Sven: S. 6, 7, 11, 26, 29, 44, 86 und 124.
Titelfoto: Nady El-Tounsy.
Die Zeichnungen fertigte Helmuth Flubacher.

Wollgrasweg 41, 70599 Stuttgart (Hohenheim)
E-Mail: info@ulmer.de
Internet: www.ulmer.de
Lektorat: Bettina Brinkmann, Michael Kokoscha
Herstellung: Gabriele Wieczorek
Umschlag-Konzeption: Ruska, Martín, Associates GmbH, Berlin
Umschlag-Entwurf: Verlag Eugen Ulmer
Satz: Atelier Reichert, Stuttgart
Repro: timeRay Visualisierungen, Jettingen
Druck und Bindung: Westermann Druck, Zwickau
Printed in Germany

ISBN 978-3-8186-0124-9

Hier können Sie weiterlesen:

Bienenprodukte erfolgreich verkaufen.
Marc-Wilhelm Kohfink. 2011.
128 Seiten, 32 Farbfotos auf Tafeln, kart.
ISBN 978-3-8001-5743-3.

Sie sind Imker und haben mehr Honig und Gutes von Ihren Bienen, als Sie selbst verbrauchen? Warum nicht erfolgreich verkaufen?
Wie das geht, zeigt Ihnen dieses Buch. Es orientiert sich am erweiterten Marketingmix und wendet ihn speziell auf Imkereiprodukte an. So erfahren Sie, wie Sie aus den Erzeugnissen ihrer Bienen verkaufsfertige, ansprechende Produkte machen, dafür Preise festlegen und sie in Direktvertrieb, Internet, auf Märkten oder über Wiederverkäufer absetzen.

Für Stadtimker

Bienen halten in der Stadt.

Bienen halten in der Stadt.
Marc-Wilhelm Kohfink.
2010. 174 Seiten, 46 Farbfotos,
32 Zeichnungen, geb.
ISBN 978-3-8001-6712-8.

Was ist anders bei der Bienenhaltung in besiedelten Gebieten? Ganz besondere Voraussetzungen für den Imker bieten die wärmeren klimatischen Bedingungen: Blütenfülle rund ums Jahr, aber auch enge Wohn- und Lebensverhältnisse und dichte, doch zahlungskräftige Bevölkerung. Aus der Praxis der eigenen Stadtimkerei des Autors erfahren Sie Schritt für Schritt alles zur Bienenhaltung und Vermarktung der Bienenprodukte im städtischen Umfeld.